佟小鹤厨房
快手减脂家常菜

佟小鹤　编著

中国轻工业出版社

带你了解本书

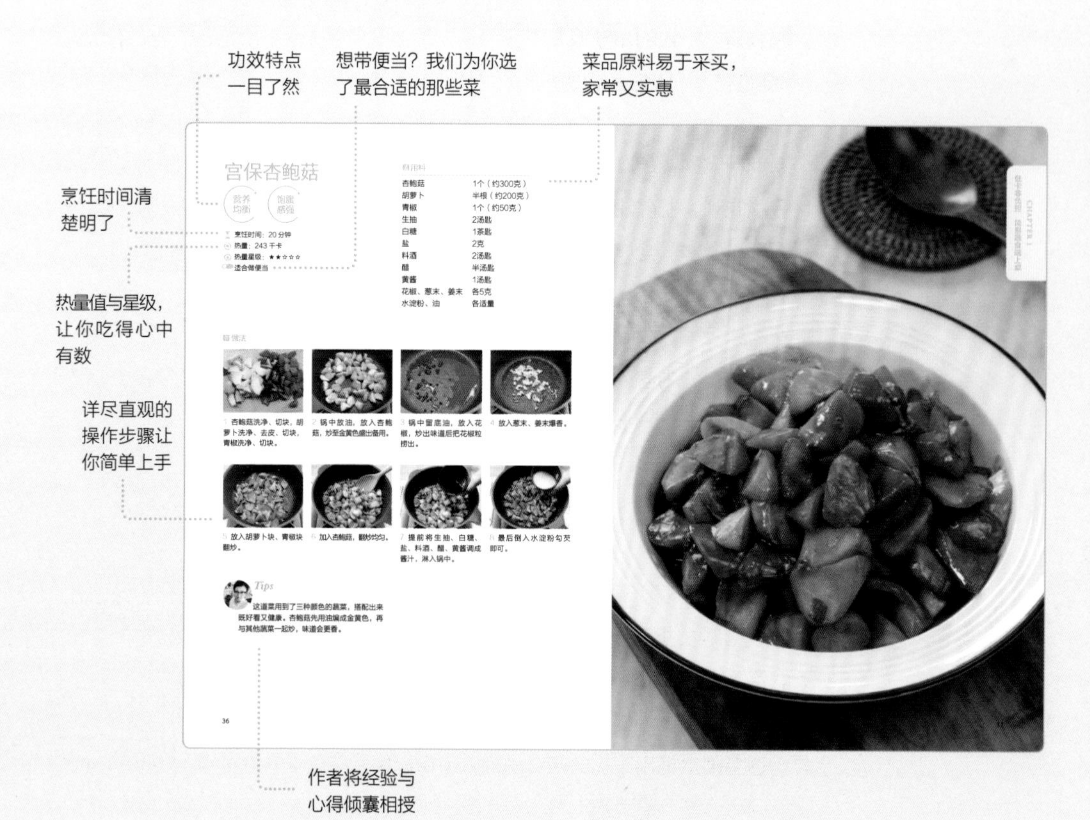

说明：本书热量的计算，选取的是每道菜的主材料及15克（毫升）以上的辅材料，热量星级的划分标准为：

＜240千卡	★
240～479千卡	★★
480～959千卡	★★★
960～2399千卡	★★★★
≥2400千卡	★★★★★

热量星号的多少仅代表其含量的高低，读者应根据自身情况做出合理选择。

关于“适合做便当”的菜品说明

1. 绿叶类蔬菜由于隔夜后易产生亚硝酸盐，不宜作为便当菜，而根茎类蔬菜、菌菇类、豆蛋类、鱼虾、肉类等则较适宜作为便当菜。
2. 汤水较少的菜品比较便于携带，也适宜作为便当菜。

计量单位对照表

1茶匙固体材料 = 5克	1汤匙固体材料 = 15克
1茶匙液体材料 = 5毫升	1汤匙液体材料 = 15毫升

这本书因何而生

减脂食谱，给人的印象似乎就是吃素，或者是推荐一些不常见、不常吃的所谓“保健食材”，又或者是做法不接地气，一看就会、一做就废。

于是就有了这本简单快手的减脂食谱。作者想通过这本书告诉大家，减脂并不是只能吃素，营养均衡、摄入合理，才是正确的减脂之道。爱吃肉？可以！想吃饭？没问题！馋零食？放心吃！享受美食带来的快乐，与收获健美苗条的身材并不矛盾！

同时，本书的内容力求做到实用接地气，选取的食材全部是常见常吃的，做法是家常易学的，一步一图，有些还配有视频，就是厨房小白也能掌握！

这本书里都有什么

这本菜谱收录了160余道快手减脂菜，做法简单快捷、低脂低热量，内容包括：低卡零负担，简易蔬食端上桌；吃肉不长肉，快手荤菜最解馋；科学减脂，饱腹主食不可少；小菜小食，轻食生活小点缀。

每一道菜都提炼出菜品的功效特点，你可以循着功效标签选择自己最想要的食谱。同时，每一道菜都有热量值和热量星级，你可根据需要控制自己的热量摄入。书中还贴心地标出了适宜作为便当的食谱，让上班族也能随时享“瘦”！

好的减脂方式，就是努力养成科学合理的健康饮食习惯。太过繁琐的方式不利于打造习惯，而简单实用的减脂餐才有利于坚持。这本书就是教你简单、快捷地烹制出实用有效的减脂餐！

目录
CONTENTS

圆白菜炒粉丝 12

手撕圆白菜 13

响油白菜 14

蒜蓉粉丝蒸娃娃菜 15

东北炒酸菜 16

蚝油生菜 17

番茄炒菜花 18

伪炒饭 19

大根烧 20

蚝油丝瓜 20

糖醋茄子 21

烤茄子 22

盐烤西葫芦 22

鸡汁炒苦瓜 23

酱香土豆块 24

风味烤土豆 25

番茄土豆丁 26

素炒土豆丝 28

香煎土豆片 29

番茄豆腐 30

白灼秋葵 31

海盐烤秋葵 32

日式煮南瓜 32

香菇油菜 33

家常炒香菇 34

蚝油杏鲍菇 35

宫保杏鲍菇 36

青椒素炒杏鲍菇 38

孜然金针菇 39

蒜蓉粉丝烤金针菇 40

主厨口蘑 41

虎皮青椒 42

干豆腐炒青椒 43

剁椒干豆腐 44

鸡刨豆腐 46

香煎豆腐 47

虾酱烧豆腐 48

番茄豆泡 49

白灼芦笋 50

芦笋炒蛋 51

黄瓜炒鸡蛋 52

秋葵炒蛋 53

秋葵蒸蛋 54

西蓝花炒鸡蛋 55

韩式辣炒年糕 56

CHAPTER 2 吃肉不长肉 快手荤菜最解馋

宫保鸡丁 58

豉椒鸡丁 60

味噌鸡丁 60

黄瓜炒鸡丁 61

柠檬照烧鸡排 62

柠檬鸡 63

无油版奥尔良烤鸡翅 64

麻辣鸡丝 64

手撕鸡 65

黑椒南瓜焖鸡翅 66

香菇蒸鸡翅 67

土豆鸡肉烙 68

韩式烤鸡胸肉 69

洋葱炒鸡胸肉 70

韩式土豆炖鸡块 70

低脂香脆鸡块 71

香菜牛肉 72

蒜香黑椒牛肉粒配时蔬 73

迷迭香铁锅烤牛肉 74

牙签牛肉 76

杂蔬烤牛排 77

孜然牛肉 78

番茄肥牛 79

小辣椒爆炒小肥牛 80

蒜蓉香菇蒸排骨 81

苦瓜酿肉 82

肉丝炒圆白菜 83

肉末炒四季豆 84

肉末蒸水蛋 85

麻婆豆腐 86

腊肠炒西葫芦 87

荷兰豆炒腊肠 88

芦笋炒腊肠 90

烤培根南瓜卷 91

麻辣龙利鱼 92

金针豆豉蒸龙利鱼 94

黑胡椒煎龙利鱼配时蔬 95

豆豉鲮鱼油麦菜 96

虾仁滑蛋 97

鲜虾豆腐羹 98

日式照烧虾 99

盐焗虾 100

蒜香开背虾 101

番茄芥末酸渍大虾 102

腐乳辣味虾 103

蒜蓉粉丝烤大虾 104

西蓝花炒虾仁 105

香菇蒸虾盏 106

丝瓜焗蛤蜊 107

酒蒸蛤蜊 108

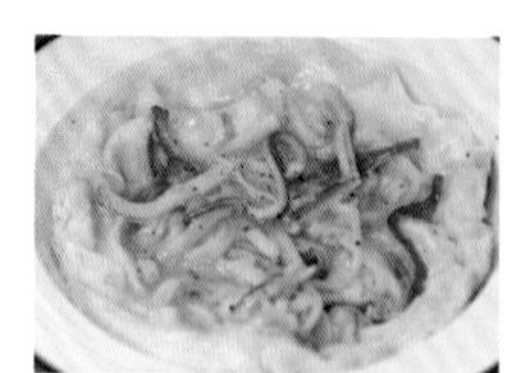
滑蛋蟹柳 108

腊肠炒饭 110

黄金蛋炒饭 111

藜麦蛋炒饭 112

鸡胸肉泡菜炒饭 113

巴沙鱼盖饭 114

私房肉臊盖饭 115

日式碎鸡肉盖饭 116

照烧鸡腿饭 117

咖喱鸡肉饭 118

咖喱土豆鸡肉焖饭 119

香菇南瓜鸡肉焖饭 120

减脂南瓜焖饭 121

茄子焖饭 122

日式海鲜菇焖饭 123

金枪鱼饭团 124

圆白菜火腿炒面 125

火腿鸡蛋炒方便面 126

番茄打卤面 127

荷包蛋焖面 128

榨菜肉丝面 129

宜宾燃面 130

凉拌面 131

东北烤冷面 132

牛肉青椒意面 133

双菇意面 134

番茄意面 135

牛油果意面 136

蒜香烤法棍 137

蒜香黑胡椒烤吐司 138

滑蛋牛油果吐司 139

鸡蛋三明治 140

榨菜肉丝炒饼 141

快手蔬菜饼 142

火腿鸡蛋饼 143

玉米鸡蛋早餐饼 144

窝窝头 145

孜然烤玉米 146

烤南瓜 147

迷迭香烤土豆 148

鸡蛋黄瓜凉菜 150

凉拌黄瓜 151

私房腌黄瓜 152

凉拌西蓝花 153

炝拌芹菜 154

果仁菠菜 155

乾隆白菜 156

包浆豆腐 156

凉拌杏鲍菇 157

姜汁皮蛋 158

苦菊拌皮蛋 159

主厨沙拉 160

浇汁土豆泥 161

日式土豆球 162

风琴烤土豆 163

低卡无油薯片 164

香烤红薯片 165

烤红薯条 166

低脂香蕉片 167

吐司布丁 168

厚蛋烧 169

低脂蛋挞 170

燕麦坚果意式脆饼 171

奇亚子燕麦饼干 172

蜂蜜吐司角 173

草莓大福 174

CHAPTER
1
低卡零负担
简易蔬食端上桌

圆白菜炒粉丝

烹饪时间：10 分钟（不含浸泡时间）

热量：324 千卡

热量星级：★★☆☆☆

用料

圆白菜	半个（约500克）
龙口粉丝	1把（约50克）
生抽	2汤匙
蚝油	1汤匙
葱末、蒜末	各5克
小米椒	3个
盐	2克
油	适量

Tips

我用的是龙口粉丝，很容易熟，事先泡在清水里20分钟，之后直接料理即可，软硬度适中。这道菜属于快手家常菜，工作忙、没时间做饭的小伙伴可以试试哦。

做法

1 粉丝先浸泡在凉水中20分钟。圆白菜洗净、掰开，撕成小片。

2 锅中烧开水，放入粉丝煮1分钟，捞出备用；小米椒切碎。

3 锅中放油，烧热，加入切好的葱末、蒜末和小米椒碎爆香。

4 加入圆白菜炒软。

5 加入粉丝，再加入生抽、蚝油和盐调味即可。

手撕圆白菜

烹饪时间：20 分钟
热量：129 千卡
热量星级：★☆☆☆☆

用料

圆白菜	半个（约500克）
干辣椒	5个
花椒粒	10粒
生抽	1汤匙
葱末、蒜末	各5克
盐	1茶匙
鸡精	少许
白糖	1茶匙
油	适量

Tips

❶ 两只手拿着圆白菜，根部向下，用力摔在案板上，根部就能很轻易地去掉了。大家可以试一下哦。

❷ 圆白菜中含有某种"溃疡愈合因子"，对溃疡有着很好的食疗效果，胃溃疡患者可以常吃。

做法

1 圆白菜洗净,手撕成块状备用；干辣椒切小段。

2 锅中放油，放入花椒粒，炸出花椒味，再把花椒粒捞出不要。

3 放入干辣椒和葱末、蒜末爆香。

4 调中大火，放入圆白菜翻炒均匀。

5 最后放生抽、白糖、盐、鸡精调味即可。

响油白菜

烹饪时间：20 分钟

热量：196 千卡

热量星级：★☆☆☆☆

用料

白菜	半个（约500克）
葱末、蒜末	各5克
辣椒粉	1汤匙
白糖	1汤匙
醋	2汤匙
生抽	2汤匙
盐	1克
油	适量

Tips

白菜要先洗后切，这样才能避免水溶性的营养物质流失。白菜是减脂蔬菜，本身所含热量极少，还富含维生素、膳食纤维和抗氧化物质，能促进肠道蠕动，帮助消化。

做法

1 白菜洗净，切成条备用。

2 将白菜放入沸水锅里煮熟。

3 捞出白菜控水，放在大碗中。

4 把所有调料放在碗中拌匀，制成调料汁。

5 把调料汁淋在白菜上。

6 锅中烧热油，淋在白菜上面即可。

蒜蓉粉丝蒸娃娃菜

烹饪时间：25 分钟（不含浸泡时间）

热量：425 千卡

热量星级：★★☆☆☆

用料

娃娃菜	2棵（约400克）
龙口粉丝	2把（约100克）
小红椒	3个
葱末、蒜末	各5克
生抽	2汤匙
白糖	1茶匙
蚝油	1汤匙
油	适量

Tips

龙口粉丝泡在水中的时间不宜过长，否则会很软，口感会差很多。泡粉丝可以用凉水或温水，但不能用热水，否则粉丝外面软了，心还是硬的。

做法

1 粉丝用凉水先泡20分钟。

2 娃娃菜洗净，切成四瓣。小红椒切碎。

3 锅中放油，放入葱末、蒜末爆香。

4 加入白糖、生抽、蚝油和少量水煮开，做成调料汁备用。

5 把粉丝放在盘底，上面铺上娃娃菜，淋上炒好的调料汁。

6 最上面撒上小红椒碎，放入烧开的蒸锅中，中火蒸10~15分钟即可。

东北炒酸菜

烹饪时间：20 分钟
热量：256 千卡
热量星级：★★☆☆☆
适合做便当

用料

酸菜	1袋（约300克）
粉丝	1把（约50克）
蒜末、葱末	各5克
干辣椒段	5克
生抽	2汤匙
盐	2克
油	适量

Tips

这是一道很家常的料理，酸酸辣辣很好吃！东北地区的传统做法是酸菜配粉条，我换成了龙口粉丝，做起来更方便、粉丝更入味。

做法

1 粉丝用温水浸泡10分钟备用。

2 酸菜用清水洗两遍，沥去水分，切细丝备用。

3 锅中放油，开中火，加入葱末、蒜末和干辣椒段爆香。

4 放入酸菜炒匀。

5 加入粉丝，继续翻炒均匀，翻炒到水分基本没有就算熟了。

6 最后加入生抽和盐调味即可。

蚝油生菜

烹饪时间：20 分钟
热量：180 千卡
热量星级：★☆☆☆☆

用料

西生菜	1棵（约400克）
蚝油	30毫升
生抽	30毫升
蒜末	5克
盐	2克
油	适量

Tips

❶ 西生菜是指圆生菜，比叶生菜的口感更加柔嫩，适合用来做蚝油生菜。焯西生菜的时间一定不要过长，以免影响爽脆的口感。

❷ 生菜中富含膳食纤维，常食有消除多余脂肪的作用，所以生菜又有减脂菜的美誉。

做法

1 锅中放水，加入少许盐和油，煮开。

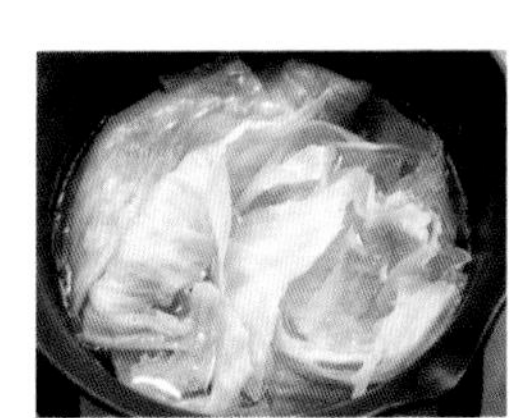

2 西生菜洗净，放进开水锅中焯烫10秒。

3 捞出西生菜，控水备用。

4 把西生菜摆放在盘子中。

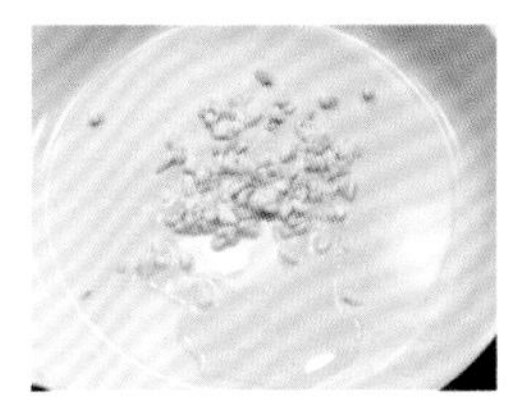

5 炒锅放油，放入蒜末爆香。

6 加入蚝油、生抽、30毫升清水。

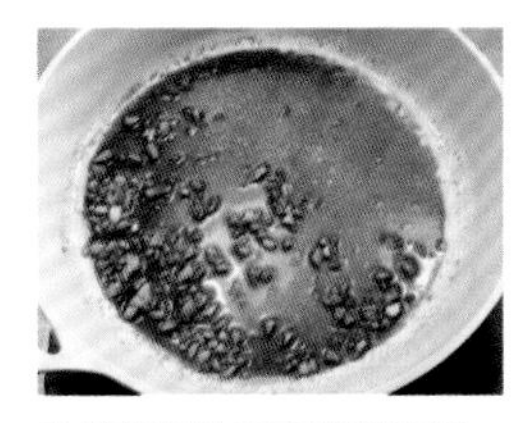

7 将调料汁煮至稍微黏稠。

8 把调料汁淋在西生菜上面即可。

番茄炒菜花

烹饪时间：20 分钟

热量：144 千卡

热量星级：★☆☆☆☆

适合做便当

用料

菜花	1棵（约400克）
番茄	1个（约200克）
番茄沙司	2汤匙
盐	1茶匙
鸡精	少许
白糖	1茶匙
葱末、蒜末	各5克
油	适量

Tips

❶ 菜花汆烫的时间不宜过长，否则会变得很软，影响口感。

❷ 这道菜属于快手菜，没难度，颜色好看，还很开胃，非常适合孩子吃，能促进食欲。

做法

1 菜花洗净、掰成小朵，放入沸水锅中焯2分钟，捞出控水；番茄洗净，切小块。

2 锅中放油，放入葱末、蒜末爆香。

3 放入番茄块、番茄沙司、白糖，翻炒出汤汁。

4 放入菜花，翻炒均匀。

5 放入盐和鸡精调味。

6 最后盛盘，撒上一点葱末即可。

伪炒饭

烹饪时间：20 分钟
热量：296 千卡
热量星级：★★☆☆☆
适合做便当

用料

菜花	半棵（约250克）
胡萝卜	半根（约150克）
青椒	半个（约50克）
鸡蛋	2个（约120克）
盐	2克
生抽	1汤匙
葱末	5克
油	适量

Tips

❶ 菜花块的大小可根据自己的喜好来，我没用搅拌机，而是用刀切，保留了一点儿菜花的口感。

❷ 用菜花来代替炒饭里面的大米，是不是很有创意呢？关键是热量很低，可以作为减脂期的常备菜。

做法

1 胡萝卜和青椒洗净，分别切丁；菜花洗净，可以刀切小块也可以用搅拌机直接打碎。

2 锅中放油，倒入打散的蛋液，炒成小块，盛出备用。

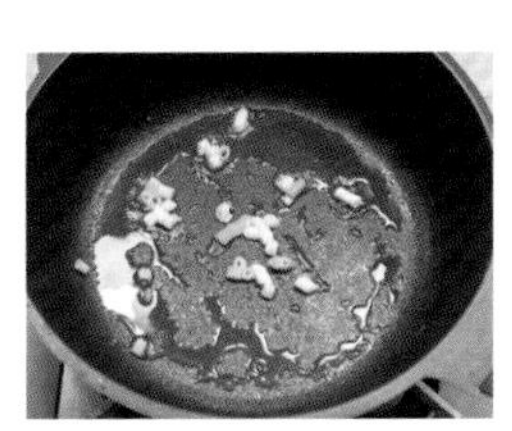
3 锅中留底油，放入葱末爆香。

4 放入菜花翻炒熟。

5 加入胡萝卜丁和青椒丁，翻炒均匀，把胡萝卜和青椒炒熟。

6 加入鸡蛋翻炒均匀。

7 最后加入盐和生抽调味即可。

大根烧

烹饪时间：15 分钟
热量：196 千卡
热量星级：★☆☆☆☆
适合做便当

用料

白萝卜	1根（约1000克）		
味醂	2汤匙	日式酱油	2汤匙
葱花	少许		

做法

1. 白萝卜洗净，去皮，切块，放入开水锅中煮熟。
2. 把煮好的白萝卜放在平底锅中，倒入日式酱油、味醂，两面煎至金黄色。
3. 出锅摆盘，撒上葱花即可。

Tips

萝卜不宜切得太厚，煎的时候用小火，慢慢煎，这样萝卜会很入味。

蚝油丝瓜

烹饪时间：20 分钟
热量：117 千卡
热量星级：★☆☆☆☆

用料

丝瓜	2根（约500克）		
葱花	5克	蚝油	1汤匙
盐	2克	菜籽油	1汤匙

做法

1. 丝瓜洗净、去皮，切成小段备用。
2. 锅中倒入菜籽油，放入葱花爆香。
3. 放入丝瓜，翻炒至变软。
4. 等到丝瓜变软且汤汁变少的时候，放入蚝油和盐调味即可。

炒丝瓜会出很多汤汁，最后一定要收汁，如果喜欢勾芡也可以适当勾芡，但芡汁不宜过多，以免破坏清爽的口感。

糖醋茄子

饱腹感强　少油窍门

烹饪时间：20 分钟
热量：362 千卡
热量星级：★★☆☆☆
适合做便当

用料

茄子	2小根（约600克）
生抽	1汤匙
蚝油	1汤匙
陈醋	2汤匙
白糖	1汤匙
淀粉	2汤匙
葱末、蒜末	各5克
油	50毫升

Tips

茄子只要过油，怎么做都好吃。煎好的茄子可以放在厨房纸上吸去多余油分，更加健康。这道酸酸甜甜的"糖醋茄子"搭配米饭很赞！

做法

1 茄子洗净，去皮，切滚刀块备用。

2 在茄子上撒上淀粉，抓匀。

3 锅中放油，放入茄子开始煎。煎至金黄色、往外面渗油，盛出沥油备用。

4 锅中留底油，放入葱末、蒜末爆香。

5 事先将生抽、蚝油、陈醋、白糖、淀粉和3汤匙水调制成调料汁，倒入锅中。

6 放入茄子，小火收汁，关火。

7 最后盛盘，撒上少许葱末点缀即可。

Tips

要先把茄子烤熟再放调料，然后再烤一会儿，这样茄子才能入味。判断茄子是否烤熟，可以拿一根筷子试一下，能轻松插入茄子即可。

烤茄子

烹饪时间：40 分钟

热量：165 千卡

热量星级：★☆☆☆☆

适合做便当

用料

茄子	1个（约600克）		
蒸鱼豉油	2汤匙	生抽	1汤匙
盐	半茶匙	鸡精、葱末	各少许
油	2汤匙	孜然粉	1茶匙
蒜碎	10克	小米椒	适量

做法

1. 茄子洗净，整个抹上油，放进烤箱中层，200℃烤30分钟，取出备用。
2. 要根据茄子的粗细决定烤制的时间，如果茄子太粗，就多烤3～5分钟。
3. 把蒸鱼豉油、生抽、盐、鸡精、油、孜然粉、葱末、蒜碎、小米椒调成调料汁。
4. 把茄子从中间切开，浇上调料汁，再放入烤箱，200℃烤5～10分钟即可，别烤煳了。

盐烤西葫芦

烹饪时间：20 分钟

热量：57 千卡

热量星级：★☆☆☆☆

适合做便当

用料

西葫芦	1个（约300克）		
海盐	1克	黑胡椒碎	1克
橄榄油	适量		

做法

1. 西葫芦洗净，切片。
2. 烤盘上铺上油纸，把西葫芦片平铺在烤盘上，刷上橄榄油。
3. 撒上海盐和黑胡椒碎。
4. 放入烤箱，200℃烤15~20分钟，烤至表面微黄即可。

Tips

西葫芦切片的时候不宜切得太厚，否则不容易熟透。用烤箱烤制，只需用到橄榄油、盐和黑胡椒，调味简单，热量也低，是非常健康的吃法。

鸡汁炒苦瓜

烹饪时间：20 分钟
热量：83 千卡
热量星级：★☆☆☆☆
适合做便当

减脂降糖 消炎去火 低卡食材

用料

苦瓜	1根（约300克）
葱末、蒜末	各5克
盐	2克
鲜鸡汁	15毫升
油	适量

Tips

① 苦瓜的块不要切得太厚，否则炒的时候不容易熟。不喜欢味道太苦的，可以提前将苦瓜焯一下再炒。

② 上火的时候吃点苦瓜可以败火，苦瓜还含有类似胰岛素的物质，有明显的降血糖作用，对身体很有益处。

做法

1 苦瓜洗净、去瓤，切小块备用。

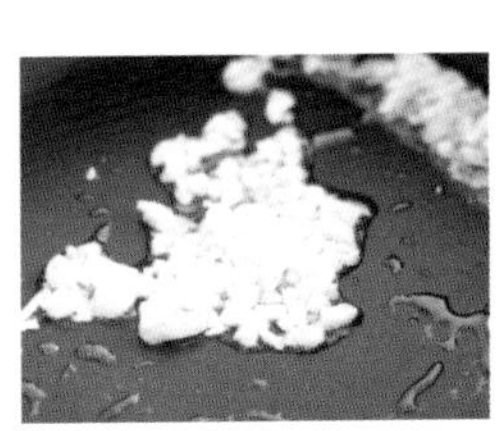
2 锅中放油，放入葱末、蒜末爆香。

3 放入苦瓜炒软。

4 加入鲜鸡汁炒匀。

5 出锅前加盐调味即可。

酱香土豆块

烹饪时间：20 分钟
热量：360 千卡
热量星级：★★☆☆☆
适合做便当

用料

土豆	1个（约400克）
蒜	3瓣
生抽	1汤匙
豆瓣酱	1汤匙
辣椒粉	1茶匙
熟白芝麻	适量
葱花	适量
油	适量

Tips

土豆切1厘米左右见方的小块，煎的时候用小火，慢煎成金黄色，这样更容易熟和入味。这个酱香口味的土豆块，单独吃或者搭配米饭都很适合。

做法

1 土豆去皮，切小方块备用；蒜切末。

2 锅中烧水，放入土豆块，水开后煮3分钟，取出控水备用。

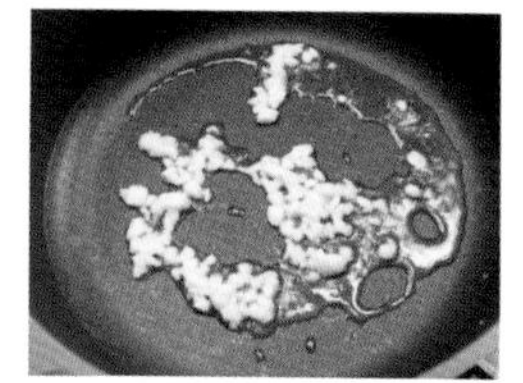

3 锅中放油，放入蒜末爆香。

4 放入土豆块，煎至四面成金黄色。

5 加入生抽、豆瓣酱、辣椒粉翻炒均匀。

6 出锅后撒上熟白芝麻和葱末即可。

风味烤土豆

烹饪时间：30 分钟（不含浸泡时间）

热量：324 千卡

热量星级：★★☆☆☆

适合做便当

用料

土豆	2个（约400克）
孜然粉	1克
辣椒粉	1克
盐	2克
黑胡椒碎	1克
橄榄油	适量

Tips

❶ 也可以将食材和调料放在保鲜袋里，摇晃着混合均匀，更加方便。

❷ 这款家常风味的烤土豆，烤出来外焦里嫩，特别好吃，可以作为主食也可以作为零食。

做法

1 土豆洗净、去皮，切滚刀块，放入清水中泡15分钟。

2 取出土豆块，用厨房用纸吸干水分。

3 在土豆上撒上孜然粉、辣椒粉、黑胡椒碎、盐，淋上橄榄油，搅拌均匀。

4 烤盘铺上油纸，放上土豆块。

5 烤箱预热200℃，放入土豆烤30分钟。

6 烤至表面呈金黄色即可。

番茄土豆丁

饱腹感强 调节免疫

烹饪时间：20 分钟
热量：568 千卡
热量星级：★★★☆☆
适合做便当

用料

土豆	2个（约500克）
番茄	2个（约400克）
番茄沙司	1汤匙
蚝油	1汤匙
生抽	1汤匙
白糖	1汤匙
盐	2克
葱末、蒜末	各5克
油	适量

做法

1 土豆洗净、去皮，切成1厘米见方的小块；番茄洗净，切小块备用。

2 锅中烧开水，放入土豆块煮3分钟，捞出控水备用。

3 将生抽、蚝油、白糖和番茄沙司混合均匀，调成一碗调料汁。

4 锅中放油，放入葱末、蒜末爆香。

5 放入番茄翻炒，加盐，炒至番茄变软。

6 倒入事先调制好的调料汁。

7 加入煮好的土豆块翻炒片刻。

8 盛盘，撒上少许葱末点缀即可。

Tips

土豆丁不要切得太大，否则不容易熟，也不容易入味。番茄要炒出汤汁，再放入土豆混合炒匀。土豆裹上汤汁，滋味更浓郁，还很下饭。

素炒土豆丝

烹饪时间：10 分钟（不含浸泡时间）
热量：350 千卡
热量星级：★★☆☆☆
适合做便当

用料

大土豆	1个（约400克）		
生抽	1汤匙	盐	1茶匙
鸡精	少许	蚝油	1汤匙
葱末、蒜末	各5克	干辣椒段	适量
油	适量		

Tips

❶ 土豆丝一定要放在水中浸泡出淀粉，这样炒的时候才不会粘连，炒出的土豆丝才口感爽脆。

❷ 在调料里面我加入了一点蚝油，觉得这样炒出来的土豆丝更鲜一些，大家也不妨试试。这道菜只需花费十几分钟，特别适合忙碌的上班族。

做法

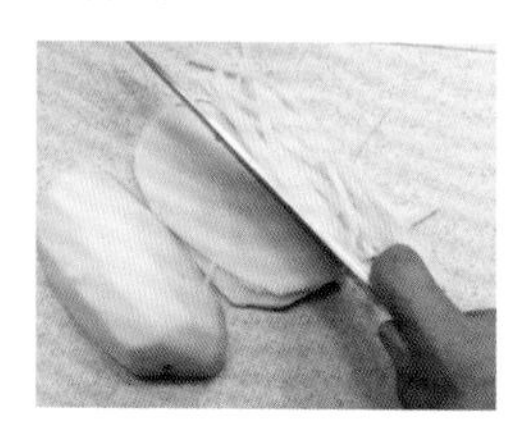
1 土豆去皮、洗净，切丝备用。

2 把切好的土豆丝放在盆里，加上清水浸泡一下。

3 锅中倒油，放入葱末、蒜末和干辣椒段爆香。

4 土豆丝捞出控水，放入锅内炒熟。

5 放入生抽、蚝油、盐、鸡精调味，翻炒均匀即可出锅。

香煎土豆片

烹饪时间：20 分钟
热量：315 千卡
热量星级：★★☆☆☆
适合做便当

用料

土豆	1个（约300克）
郫县豆瓣酱	2汤匙
生抽	2汤匙
葱末、蒜末	各5克
油	适量

Tips

① 土豆片不宜切得过厚，煮土豆片的时候煮到七八成熟即可，太熟就碎掉了。煮一下再煎，可以节省烹饪的时间。

② 土豆虽然含有碳水化合物，但其含量仅是同等重量大米的1/4左右，而且几乎不含脂肪，用土豆代替一部分米面，可起到减脂的作用。

做法

1 土豆洗净、去皮，切片备用。

2 锅中烧开水，放入土豆片煮2分钟，盛出沥干。

3 平底锅放油，放入土豆片，两面煎至金黄色，盛出备用。

4 锅中留底油，放入葱末、蒜末、郫县豆瓣酱，炒香。

5 放入土豆片，加入生抽调味，翻炒均匀，最后撒上葱末点缀即可。

番茄豆腐

烹饪时间：20 分钟

热量：480 千卡

热量星级：★★☆☆☆

适合做便当

用料

老豆腐	1块（约500克）
番茄	2个（约400克）
蚝油	1茶匙
生抽	10毫升
盐	3克
葱花、蒜末	各5克
油	适量

Tips

❶ 炒豆腐的时候不要勤翻，一面基本炒好之后再翻面，翻的次数过多，豆腐会容易碎。

❷ 这道番茄豆腐是一道减脂素菜，酸酸甜甜超好吃！

做法

1 豆腐切块；锅中烧热水，放入豆腐，加入少许盐煮开，捞出，控水备用。

2 番茄洗净，切块备用。

3 锅中放油，放入蒜末爆香。

4 放入番茄翻炒均匀，加入生抽、蚝油和盐，炒出汤汁。

5 放入豆腐翻炒均匀。

6 盛盘，撒上葱花即可。

白灼秋葵

烹饪时间：20 分钟
热量：101 千卡
热量星级：★☆☆☆☆
适合做便当

用料

秋葵	15根（约300克）
生抽	1汤匙
蚝油	1汤匙
白糖	1茶匙
盐	2克
葱末、蒜末	各少许

Tips

❶ 秋葵汆熟后要放入冰水中，这样口感才会爽脆。

❷ 夏天做这道白灼秋葵很应景，清爽又健康。秋葵中的黏性物质可以促进肠道蠕动，加快胃液分泌，很适合在食欲不振时食用。

做法

1 秋葵洗净；锅中煮开水，放入秋葵焯烫两三分钟。

2 捞出秋葵，放入冰水中浸泡片刻。

3 把蚝油、生抽、白糖和盐调成调味汁。

4 秋葵去根，摆放在盘中，淋上调味汁。

5 撒上葱末、蒜末即可。

Tips

因为各个烤箱的温度有差异，烤制秋葵的时候，可以用筷子插一下，能轻松插入秋葵就是烤熟了。用烤箱烤制的做法能最大程度保留食物本身的味道，健康又好吃！

海盐烤秋葵

烹饪时间：30 分钟
热量：75 千卡
热量星级：★☆☆☆☆
适合做便当

用料

秋葵	20根（约300克）		
海盐	2克	黑胡椒碎	1克
橄榄油	适量		

做法

1. 烤盘上铺锡纸，刷上橄榄油。
2. 把洗净的秋葵摆放在烤盘上，淋上橄榄油，用刷子均匀刷好。
3. 均匀撒上海盐和黑胡椒碎。
4. 放入烤箱，200℃烤20分钟即可。

日式煮南瓜

烹饪时间：30 分钟
热量：207 千卡
热量星级：★☆☆☆☆
适合做便当

用料

南瓜	500克	白糖	1汤匙
淡口酱油	20毫升	清酒	20毫升

做法

1. 南瓜去皮、去子，切大块备用。
2. 把南瓜块放在锅中，撒上白糖，静置10分钟。
3. 加入酱油、清酒和清水没过南瓜。
4. 大火煮开，加上盖子，转小火煮15分钟即可。

Tips

这道菜一定要小火慢煮，南瓜才会软糯，味道才会进入到南瓜里面。南瓜中的可溶性膳食纤维能控制餐后血糖上升，减少胆固醇吸收，有利于减脂瘦身。

香菇油菜

烹饪时间：20 分钟
热量：210 千卡
热量星级：★☆☆☆☆

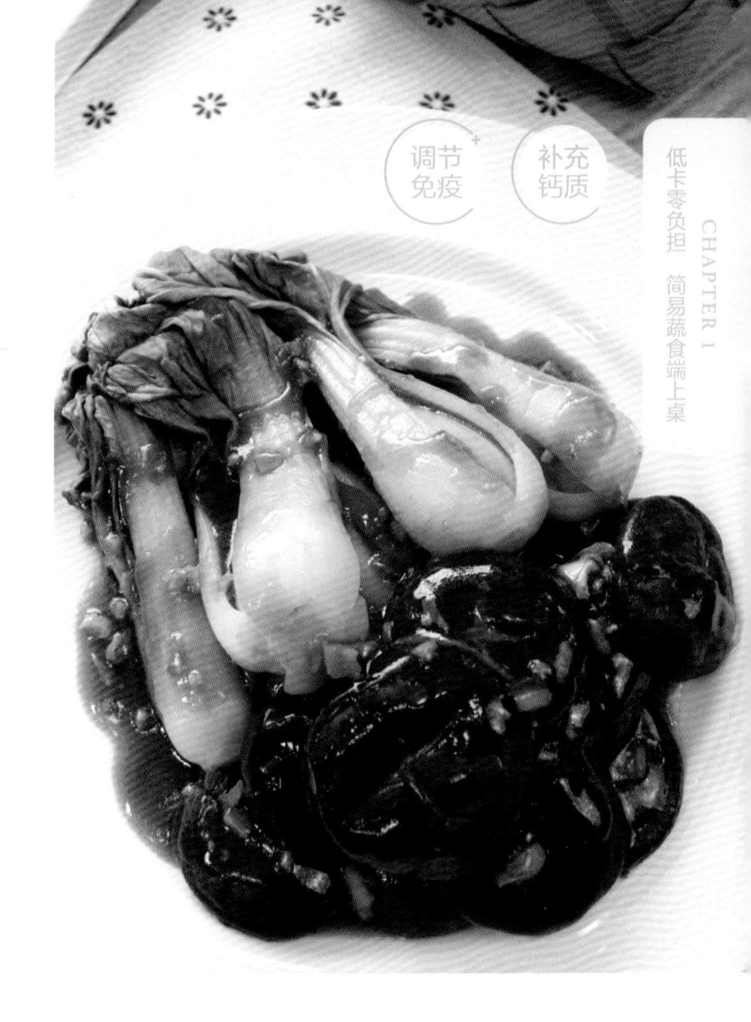

用料

香菇	10朵（约200克）
油菜	8棵（约200克）
生抽	2汤匙
白糖	1汤匙
盐	半茶匙
葱末、蒜末	各5克
淀粉	1汤匙
油	适量

Tips

❶ 焯香菇以能轻松用筷子插入为准，焯油菜时间不宜过长，焯好后可以放在凉水中投凉，口感更好。

❷ 油菜富含胡萝卜素和维生素C，有助于调节机体免疫能力。其所含的钙量在绿叶蔬菜中也非常高。

做法

1 香菇洗净，划十字刀；放入开水锅中煮5分钟，捞出控水备用。

2 油菜洗净，入开水锅中煮1分钟，捞出控水备用。

3 把香菇和油菜摆放在盘子中。

4 将生抽、白糖、盐放入碗中混合均匀。

5 锅中放油，放入葱末、蒜末爆香，倒入调料汁，煮开。

6 将淀粉加100毫升清水调成水淀粉，倒入锅中，搅匀。

7 加热至汤汁呈黏稠状，浇在香菇油菜上面即可。

家常炒香菇

⏳ 烹饪时间：20 分钟
热量：91 千卡
热量星级：★☆☆☆☆
适合做便当

用料

香菇	250克
生抽	1汤匙
蚝油	1汤匙
盐	2克
葱	1小根
蒜末	5克
油	适量

Tips

❶ 这是一道非常简单的快手家常菜，香菇炒熟之后加入一点调味料就特别鲜了，减脂期间吃也毫无压力。

❷ 香菇中的香菇多糖具有提高免疫力的作用，可改善机体代谢，增强体质。

做法

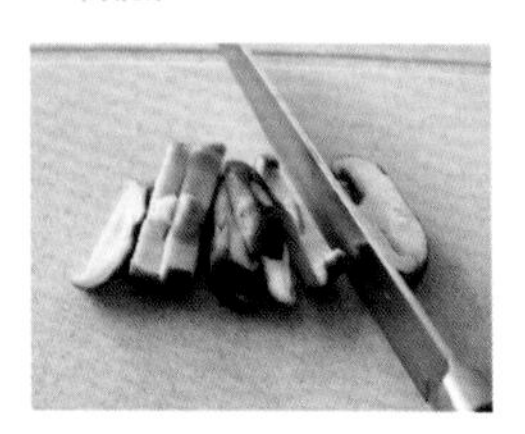

1 香菇洗净，去根部，切片备用。

2 葱切段，蒜切末备用。

3 锅中放油，放入蒜末爆香。

4 放入香菇炒熟。

5 加入葱段翻炒均匀。

6 加入生抽、蚝油、盐调味即可。

蚝油杏鲍菇

烹饪时间：20 分钟
热量：157 千卡
热量星级：★☆☆☆☆
适合做便当

用料

杏鲍菇	400克
蚝油	15毫升
生抽	10毫升
小米椒	5个
蒜末	5克
香葱	1根
油	少许

Tips

杏鲍菇味道非常鲜，加少许蚝油就可以达到调味的功效，所以不用加盐哦，无盐少油，做法很健康。

做法

1 杏鲍菇洗净，切滚刀块；小米椒洗净，切丁；香葱切末，蒜切末。

2 锅中放少许油，放入杏鲍菇炒至金黄色。

3 加入小米椒、蒜末和葱末翻炒均匀。

4 加入蚝油和生抽调味。

5 炒匀即可出锅。

宫保杏鲍菇

营养均衡　饱腹感强

烹饪时间：20 分钟
热量：243 千卡
热量星级：★★☆☆☆
适合做便当

用料

杏鲍菇	1个（约300克）
胡萝卜	半根（约200克）
青椒	1个（约50克）
生抽	2汤匙
白糖	1茶匙
盐	2克
料酒	2汤匙
醋	半汤匙
黄酱	1汤匙
花椒、葱末、姜末	各5克
水淀粉、油	各适量

做法

1 杏鲍菇洗净、切块，胡萝卜洗净、去皮、切块，青椒洗净、切块。

2 锅中放油，放入杏鲍菇，炒至金黄色盛出备用。

3 锅中留底油，放入花椒，炒出味道后把花椒粒捞出。

4 放入葱末、姜末爆香。

5 放入胡萝卜块、青椒块翻炒。

6 加入杏鲍菇，翻炒均匀。

7 提前将生抽、白糖、盐、料酒、醋、黄酱调成酱汁，淋入锅中。

8 最后倒入水淀粉勾芡即可。

Tips

这道菜用到了三种颜色的蔬菜，搭配出来既好看又健康。杏鲍菇先用油煸成金黄色，再与其他蔬菜一起炒，味道会更香。

青椒素炒杏鲍菇

烹饪时间：20 分钟

热量：160 千卡

热量星级：★☆☆☆☆

适合做便当

用料

杏鲍菇	1个（约400克）
青椒	1个（约50克）
生抽	1汤匙
盐	1茶匙
鸡精	1克
蒜末、葱末	各5克
油	适量

Tips

❶ 炒杏鲍菇时，一定要等到杏鲍菇炒出来的汤汁收干才算真的熟了，不要着急！

❷ 青椒富含维生素C，有调节免疫功能的作用。

做法

1 杏鲍菇和青椒洗净，都切丝备用。

2 锅中放油，放葱末、蒜末爆香。

3 加入杏鲍菇炒软。

4 加入青椒丝翻炒，倒入生抽。

5 放入盐和鸡精调味即可。

孜然金针菇

烹饪时间：20 分钟
热量：90 千卡
热量星级：★☆☆☆☆
适合做便当

用料

金针菇	200克	生抽	1汤匙
蚝油	1汤匙	孜然粉	1茶匙
辣椒粉	1茶匙	盐	2克
小米椒	2个	熟白芝麻	1茶匙
蒜末	5克	油	适量

Tips

❶ 金针菇加上孜然粉，就会有一种烧烤的味道，喜欢的小伙伴可以试试哦！

❷ 金针菇又叫“益智菇”，富含精氨酸、赖氨酸及多种矿物质，有利于儿童智力的发育。

做法

1 金针菇洗净，去根部备用；小米椒切丁。

2 锅中放底油，放入蒜末爆香。

3 放入金针菇翻炒，炒至水分收干。

4 加入生抽、蚝油、孜然粉、辣椒粉、小米椒和盐调味，翻炒均匀。

5 出锅前撒上熟白芝麻即可。

蒜蓉粉丝烤金针菇

烹饪时间：35 分钟

热量：259 千卡

热量星级：★★☆☆☆

适合做便当

用料

金针菇	200克		
龙口粉丝	1把（约50克）		
蒜	1头	葱	1段
红彩椒	半个	油	适量
蚝油	1汤匙	生抽	1汤匙
盐	2克	孜然粉	2克

Tips

这道菜也可以直接用平底锅煎熟。粉丝铺在金针菇下面，在烤制的过程中，粉丝会吸收金针菇烤出的汁水和调味料的味道，好吃得不得了！

做法

1 金针菇洗净、切去根部备用。

2 粉丝用温水泡开。

3 蒜去皮，切碎末；葱洗净，切碎；红彩椒洗净，去瓤，切碎。

4 将油、蚝油、生抽、盐和孜然粉混合成调料汁；烤碗下面放上粉丝，放上金针菇，淋上调料汁。

5 然后把蒜末、葱末和红彩椒碎撒在上面。放入烤箱，200℃烤20～25分钟即可。

主厨口蘑

烹饪时间：15 分钟
热量：398 千卡
热量星级：★★☆☆☆
适合做便当

调节免疫 营养食材 简单快手

用料

口蘑	10个（约300克）
盐	1茶匙
黄油	30克
蒜片	5克
黑胡椒碎	适量

Tips

❶ 煎口蘑的时候会出汤汁，一定要把汤汁收干之后再加调料，这样才比较容易入味。

❷ 这道菜里不能缺少黑胡椒，黄油配上黑胡椒，才能吃出西餐的味道！

做法

1 口蘑洗干净，切小块备用。

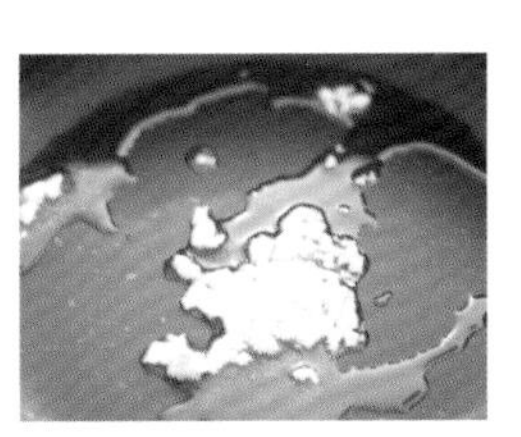

2 锅中放黄油，待融化之后，放入蒜片爆香。

3 然后放入口蘑翻炒，中火慢慢炒，把汤汁收干。

4 放入黑胡椒碎炒匀。

5 加盐调味即可。

虎皮青椒

烹饪时间：20 分钟

热量：131 千卡

热量星级：★☆☆☆☆

适合做便当

用料

青椒	4根（约200克）
生抽	2汤匙
醋	1汤匙
蚝油	半汤匙
白糖	半汤匙
玉米淀粉	1汤匙
葱末、蒜末	5克
油	适量

Tips

煎制青椒的时候要开中小火，不宜大火，否则青椒表面焦了但里面还没有熟。这个虎皮青椒是一道有回忆的菜，小时候奶奶经常做给我吃，当时觉得辣，现在却很怀念！

做法

1 青椒洗净，去子、去蒂，切段备用。

2 把生抽、蚝油、白糖、醋、玉米淀粉和4汤匙清水调制成调料汁备用。

3 锅中放油，放入青椒，两面煎出虎皮花纹。

4 放入葱末、蒜末，爆出香味。

5 最后倒入调料汁，炒至汤汁黏稠即可。

干豆腐炒青椒

烹饪时间：20 分钟
热量：694 千卡
热量星级：★★★☆☆
适合做便当

用料

干豆腐皮	1大张（约250克）
青椒	2个（约100克）
盐	1茶匙
鲜鸡汁	1汤匙
水淀粉、油	各适量
葱末、蒜末	各5克

Tips

❶ 干豆腐要先焯烫，才能去掉豆腥味；用水淀粉勾芡时，芡汁稍微多一点才更好吃。

❷ 这道干豆腐炒青椒清清爽爽，多吃几口也不会发胖，多吃豆制品还能补充钙质和植物蛋白，对身体很有好处。

做法

1 干豆腐皮切菱形片备用。

2 锅中烧开水，放入干豆腐皮煮开，捞出，控水备用。

3 青椒洗净，从中间切开，去子，切条备用。

4 锅中放油，加入葱末、蒜末爆香。

5 放入青椒炒软。

6 放入干豆腐皮，翻炒均匀。

7 加入盐和鲜鸡汁调味。

8 最后倒入水淀粉勾芡即可。

剁椒干豆腐

燃脂减脂　促进代谢　补钙壮骨

烹饪时间：20 分钟
热量：687 千卡
热量星级：★★★☆☆
适合做便当

用料

干豆腐皮	1大张（约250克）
剁椒	1汤匙
葱末、蒜末	各5克
生抽	1汤匙
蚝油	1汤匙
盐	2克
红辣椒	适量
水淀粉	适量
油	1汤匙

做法

1 干豆腐皮切成条；红辣椒切丁。

2 锅中烧开水，放入干豆腐皮焯2分钟。

3 锅中烧热油，放入葱末、蒜末和剁椒爆香。

4 放入干豆腐皮炒匀。

5 倒入一碗水烧开。

6 加入生抽、蚝油、盐调味。

7 放入红辣椒丁炒匀。

8 最后淋入水淀粉勾芡即可。

Tips

辣椒可促进新陈代谢，有燃脂的功效，有助于减脂。干豆腐富含钙，可防止因缺钙引起的骨质疏松，促进骨骼发育。

鸡刨豆腐

烹饪时间：20 分钟
热量：377 千卡
热量星级：★★☆☆☆
适合做便当

用料

豆腐	半块（约250克）
鸡蛋	2个（约120克）
葱末、蒜末	各5克
盐	3克
白胡椒粉	2克
油	适量

Tips

❶ 这道菜最好用不粘平底锅来做，如果用普通的铁锅，之后刷锅会很麻烦。

❷ 鸡刨豆腐的做法超级简单，营养充足又容易消化吸收，不会给肠胃造成负担。

做法

1 鸡蛋磕入碗中，打散备用。

2 锅中放油，放入葱末、蒜末爆香。

3 放入豆腐，用铲子铲碎。

4 把蛋液淋在上面，跟豆腐混合。

5 等到蛋液凝固了，撒上盐和白胡椒粉即可出锅。

香煎豆腐

烹饪时间：20 分钟

热量：455 千卡

热量星级：★★☆☆☆

适合做便当

用料

老豆腐	1块（约500克）
生抽	2汤匙
蚝油	1汤匙
白糖	1茶匙
孜然粉	1茶匙
辣椒粉	1茶匙
葱末、蒜末	各5克
盐	1克
熟芝麻	少许
油	适量

Tips

煎豆腐的时候一定要一面煎成金黄色再翻面，不要来回翻，否则豆腐很容易碎掉。撒上少许孜然粉和辣椒粉，会给这道菜带来烧烤的味道。

做法

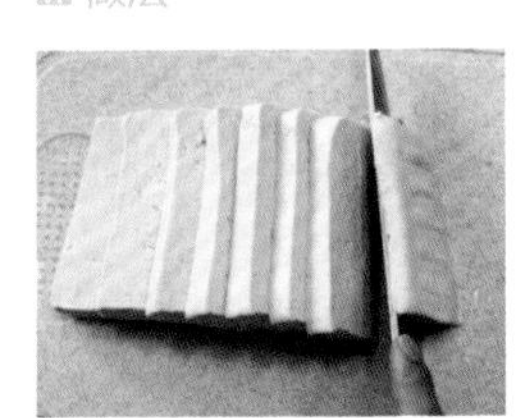

1 老豆腐切块备用。

2 锅中放油，放入豆腐块，两面煎至金黄色。

3 把生抽、蚝油和白糖调成调料汁，淋在豆腐上。

4 撒上葱末、蒜末、孜然粉和辣椒粉。

5 再加入少许盐调味。

6 最后盛盘，撒上熟芝麻点缀即可。

虾酱烧豆腐

烹饪时间：20 分钟
热量：533 千卡
热量星级：★★★☆☆
适合做便当

用料

豆腐	1块（约500克）
青椒	1个（约50克）
胡萝卜	半根（约150克）
虾酱	2汤匙
生抽	1汤匙
盐	1茶匙
鸡精	2克
葱末、蒜末	各5克
油	适量

Tips

虾酱有点重口味，适合搭配豆腐这种口味清淡的食材，再加点蔬菜，营养更均衡。尝一口，嗯，有一种大海的味道！

做法

1 豆腐切块；青椒、胡萝卜分别洗净，切丁备用。

2 锅中放油，放入青椒丁、胡萝卜丁炒熟，盛出备用。

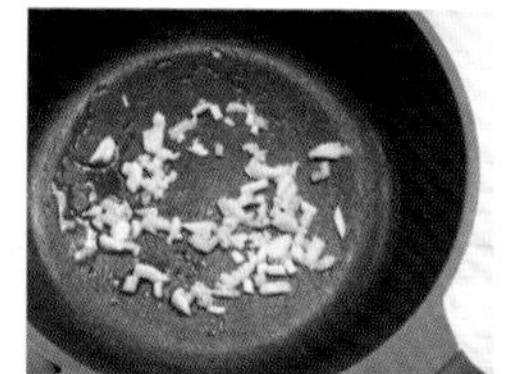

3 锅中留底油，放入葱末、蒜末爆香。

4 放入豆腐，翻炒几下。

5 放入青椒和胡萝卜，翻炒均匀。

6 最后淋入虾酱、生抽，加入盐和鸡精调味即可。

番茄豆泡

烹饪时间：20 分钟

热量：613 千卡

热量星级：★★★☆☆

适合做便当

用料

豆泡	20个（约250克）		
番茄	1个（约200克）		
番茄酱	30克		
青椒	1个（约50克）		
洋葱	半个（约100克）		
生抽	2汤匙	白糖	1汤匙
蒜末	5克	水淀粉	适量
盐	2克	油	适量

Tips

❶ 豆泡吸水性好，所以最后的芡汁可以稍微多一些，这样才能让味道都挂在豆泡上，保证每一个豆泡的味道都很足。

❷ 豆泡作为豆制品，富含植物蛋白质，与富含维生素的番茄搭配，营养更均衡。

做法

1 番茄洗净、切碎，青椒洗净、切块，洋葱去皮、切块。

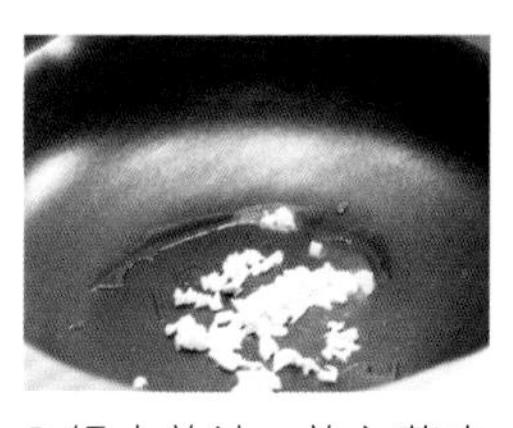

2 锅中放油，放入蒜末爆香。

3 加入番茄丁、番茄酱、白糖，炒至番茄软烂。

4 放入青椒、洋葱和豆泡翻炒均匀。

5 加入盐和生抽调味。

6 最后淋入水淀粉勾芡即可。

白灼芦笋

烹饪时间：20 分钟
热量：83 千卡
热量星级：★☆☆☆☆
适合做便当

用料

芦笋	250克	蚝油	1汤匙
生抽	2汤匙	白糖	1茶匙
小米椒	3根	葱末、蒜末	各少许
油	1汤匙	盐	2克
香油	几滴		

Tips

❶ 芦笋焯水的时间不要太长，捞出后迅速放到凉水中，可以保证其爽脆的口感。

❷ 芦笋是营养价值非常高的一款食材，白灼的做法特别适合夏天，清清爽爽。

做法

1 锅中烧水，加入少量的盐和油，煮开。

2 放入洗净的芦笋，根据芦笋大小，焯水2分钟左右。

3 将焯好的芦笋捞出，放进凉水中冷却。

4 把蚝油、生抽、白糖、盐和香油混合成调料汁。小米椒切碎。

5 芦笋控水装盘，淋上调料汁，撒上葱末、蒜末、小米椒碎。

6 锅中烧热油，淋在芦笋上面即可。

芦笋炒蛋

烹饪时间：20 分钟
热量：205 千卡
热量星级：★☆☆☆☆
适合做便当

用料

鸡蛋	2个（约120克）
芦笋	1把（约200克）
盐	2克
葱末、蒜末	各5克
油	适量

Tips

❶ 焯芦笋的时间不宜过长，焯好的芦笋可以放在凉水中投凉，口感会更爽脆。

❷ 这是非常清新的一道家常菜，芦笋热量很低，又富含膳食纤维，吃后有饱腹感，非常适合减脂期的小伙伴。

做法

1 芦笋洗净、去根，切段；鸡蛋打散备用。

2 锅中煮开水，放入芦笋焯1分钟，捞出控水备用。

3 锅中放油，倒入鸡蛋液，煎至八成熟，盛出备用。

4 锅中留底油，放入葱末、蒜末爆香。

5 放入芦笋翻炒均匀。

6 加入鸡蛋翻炒均匀。

7 最后加盐调味即可。

黄瓜炒鸡蛋

烹饪时间：15 分钟
热量：307 千卡
热量星级：★★☆☆☆
适合做便当

用料

黄瓜	1根（约300克）
鸡蛋	3个（约180克）
生抽	1汤匙
盐	1茶匙
鸡精	少许
葱末、蒜末	各5克
油	适量

Tips

❶ 这道菜属于偷懒菜系，做法非常简单快捷，适合忙碌的上班族。唯一需要注意的是鸡蛋别炒老了。

❷ 黄瓜水分多、热量低，是很好的减脂食材。

做法

1 鸡蛋磕入碗中打散，黄瓜洗净、切片备用。

2 锅中放油，倒入鸡蛋液，炒至八成熟后盛出。

3 锅中留底油，放入葱末、蒜末爆香。

4 放入黄瓜片炒软。

5 倒入鸡蛋，翻炒均匀。

6 最后加入生抽、鸡精、盐调味即可。

秋葵炒蛋

烹饪时间：20 分钟
热量：267 千卡
热量星级：★★☆☆☆
适合做便当

用料

秋葵	20根（约400克）
鸡蛋	2个（约120克）
葱末、蒜末	各5克
盐	3克
油	适量

Tips

❶ 焯秋葵的时候不要去掉根部，否则会造成营养的流失。焯烫的时间不宜过长，取出后在凉水中投凉，口感会更爽脆。

❷ 秋葵中的黏多糖具有增强机体抵抗力、防癌抗癌的功效。

做法

1 锅中烧开水，放入秋葵焯熟，捞出，放在凉水中备用。

2 捞出秋葵沥干，去根，切成菱形段备用。

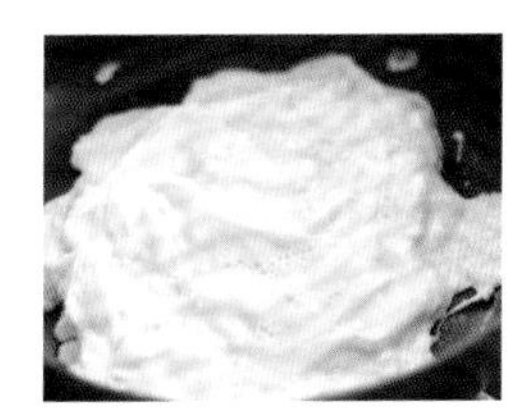

3 2个鸡蛋打散；锅中放油，倒入鸡蛋液，炒至八成熟，盛出备用。

4 锅中留底油，放入葱末、蒜末爆香。

5 放入秋葵翻炒均匀。

6 然后放入鸡蛋翻炒均匀，最后放盐调味即可。

秋葵蒸蛋

烹饪时间：20 分钟
热量：182 千卡
热量星级：★☆☆☆☆
适合做便当

用料

秋葵	3根（约60克）
鸡蛋	2个（约120克）
香油	少许
味极鲜酱油	少许

Tips

❶ 蒸水蛋是大家日常都会做的一道家常菜了，加一点秋葵搭配，更加健康也更加好看！

❷ 蒸之前盖上保鲜膜，是防止水蒸气滴落到碗中，造成蛋羹表面不光滑。

❸ 蒸锅水开之后再放入蛋液，可令蛋羹口感更滑嫩。

做法

1 鸡蛋磕入碗中，打散成蛋液。

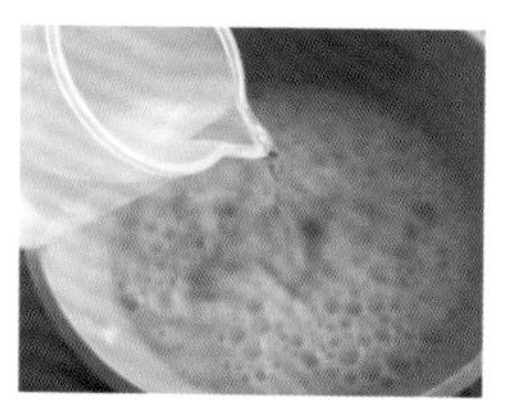

2 蛋液中加入200毫升温水，边加边搅拌均匀。

3 取一个大碗，把蛋液过筛，倒入碗内。

4 秋葵洗净、去根，切薄片备用。

5 把秋葵放在鸡蛋液中，加盖保鲜膜。蒸锅中烧开水，将秋葵蛋液放入锅中，中小火蒸10分钟。

6 取出后，淋上香油和酱油即可。

西蓝花炒鸡蛋

烹饪时间：20 分钟
热量：283 千卡
热量星级：★★☆☆☆
适合做便当

用料

西蓝花	半棵（约200克）
胡萝卜	半根（约100克）
番茄	1个（约200克）
鸡蛋	2个（约100克）
生抽、蚝油	各10毫升
盐	2克
葱末	少许
油	适量

Tips

❶ 焯烫蔬菜时，在水中加少许盐和油，能令蔬菜的颜色保持鲜亮。

❷ 这是一道营养搭配合理的减脂菜，记得鸡蛋不要炒老就行了。

做法

1 西蓝花洗净、切块；胡萝卜洗净、去皮，切片；番茄洗净、切块。

2 锅中烧热水，放一点盐和油，放入西蓝花和胡萝卜焯1分钟，取出控水备用。

3 锅中放油，放入打散的鸡蛋，炒至八成熟，盛出备用。

4 锅中留少许底油，放入葱末爆香。

5 放入番茄炒软，加入生抽、蚝油调味。

6 放入西蓝花、胡萝卜和鸡蛋，翻炒均匀，加盐调味即可。

韩式辣炒年糕

烹饪时间：20 分钟

热量：506 千卡

热量星级：★★★☆☆

适合做便当

用料

年糕	150克
韩式辣酱	2汤匙
番茄酱	1汤匙
淀粉	1汤匙
白糖	1汤匙
熟白芝麻	适量
蒜末	5克
油	适量

Tips

这个韩式炒年糕无论是作为正餐还是小食，都能轻松胜任。需要注意的是，炒制的时间不宜过长，汤汁记得多一点，否则成品稍微冷一点就会粘成一坨了。

做法

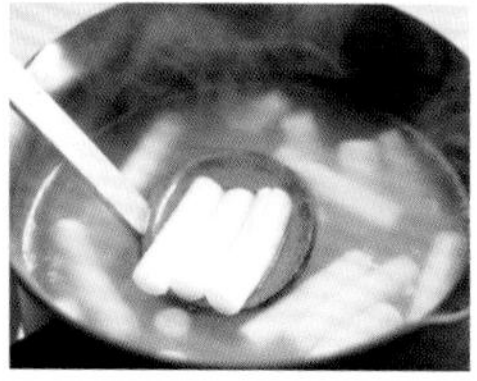

1 年糕放在开水锅中煮3分钟，煮熟后捞出，控水备用。

2 把韩式辣酱、番茄酱、淀粉、白糖和100毫升清水调制成调料汁。

3 锅中放油，放入蒜末爆香。

4 倒入调料汁煮开。

5 放入煮好的年糕翻炒均匀，炒至汤汁收黏稠。

6 最后出锅，撒上熟白芝麻即可。

CHAPTER
2
吃肉不长肉
快手荤菜最解馋

宫保鸡丁

高蛋白　低脂肪　开胃助食

烹饪时间：30 分钟（不含腌制时间）

热量：783 千卡

热量星级：★★★☆☆

适合做便当

用料

鸡腿肉	2块（约400克）
花生米	适量
黄瓜	半根200克
葱	1根
蒜片	5克
干红辣椒	适量
花椒	1小把
郫县豆瓣酱	2汤匙
白糖	1汤匙
醋	2汤匙
生抽	1汤匙
料酒	1汤匙
盐	1茶匙
水淀粉、油	各适量

做法

1 鸡腿肉切块，用料酒腌制20分钟。黄瓜洗净，切丁。葱切段。

2 将白糖、醋、生抽、盐混合成一碗调料汁备用。

3 锅里放油烧热，放入鸡肉炒至八成熟盛出备用。

4 锅里留底油，放入干辣椒、花椒、蒜片、郫县豆瓣酱爆香。

5 放入炒好的鸡肉，翻炒均匀。

6 淋入事先调制好的调料汁。

7 然后放入葱段、花生米和黄瓜丁，炒匀。

8 最后倒入水淀粉勾芡即可。

Tips

❶ 这道菜我比较喜欢吃酸甜口，所以醋和糖稍微多了一点，各人可根据自己的喜好略作调整。

❷ 鸡肉属于高蛋白、低脂肪的肉食，是减脂和健身人士很好的一种食物。

Tips

炒鸡丁的时候要大火爆炒，才能让鸡丁外焦里嫩，口感最佳。青椒最后下锅炒，可以保持其清脆爽口的口感。

豉椒鸡丁

烹饪时间：20 分钟（不含腌制时间）

热量：302 千卡

热量星级：★★☆☆☆

适合做便当

用料

鸡胸肉　1块（约200克）

青椒　半个（约50克）

葱末、蒜末各5克		干辣椒	1小把
料酒	1汤匙	生抽	1汤匙
香油	1茶匙	淀粉	少许
豆豉酱	1汤匙	蚝油	1汤匙
盐	少许	油	适量

做法

1 鸡胸肉洗净、切丁，用料酒、生抽、香油、淀粉抓匀，腌制20分钟。青椒洗净、去子，切块。
2 锅中放油，放入干辣椒和葱末、蒜末爆香。
3 放入鸡丁炒至变色。
4 放入豆豉酱、蚝油翻炒均匀。
5 加入青椒炒匀，最后放入盐调味即可。

Tips

可以使用厨房剪刀给琵琶腿去骨，切小块的时候最好肉连着皮一起，这样炒出来的味道最好。味噌有暖身醒胃的作用，常食对健康有利。

味噌鸡丁

烹饪时间：20 分钟（不含腌制时间）

热量：712 千卡

热量星级：★★★☆☆

适合做便当

用料

鸡琵琶腿　2个（约400克）

味噌酱	2汤匙	料酒	1汤匙
盐	半茶匙	白糖	1汤匙
干辣椒段	少许	葱末、蒜末	各5克
油	适量		

做法

1 鸡腿去骨，切成丁备用。
2 加入味噌酱、料酒、盐、白糖，混合均匀，腌制30分钟入味。
3 锅中放油，放入干辣椒段、葱末、蒜末爆香。
4 加入鸡丁炒至金黄色，加盐调味。
5 最后装盘，撒上葱末即可。

黄瓜炒鸡丁

烹饪时间：20 分钟
热量：362 千卡
热量星级：★★☆☆☆
适合做便当

用料

鸡胸肉	1块（约200克）		
黄瓜	1根（约300克）		
生抽、蚝油		各1汤匙	
黑胡椒碎、鸡精		各1克	
盐	2克	料酒	1茶匙
淀粉	1汤匙	葱末、蒜末	各5克
油	适量		

Tips

❶ 鸡丁要大火爆炒，这样鸡丁才会外焦里嫩。如果炒的时间太长，就发柴不嫩了。

❷ 减脂的时候吃什么呢？这道黄瓜炒鸡丁就是很好的选择。鸡肉富含蛋白质，且消化吸收率高，有增强体力、强壮身体的作用。

做法

1 鸡胸肉洗净、切丁；黄瓜洗净、切丁备用。

2 鸡丁中加入生抽、黑胡椒碎、料酒和淀粉抓匀，腌制10分钟。

3 锅中放油，加入葱末、蒜末爆香。

4 放入鸡丁，大火翻炒至变色。

5 放入黄瓜丁，翻炒均匀。

6 加入蚝油、盐和鸡精调味即可。

柠檬照烧鸡排

烹饪时间：30 分钟（不含腌制时间）

热量：679 千卡

热量星级：★★★☆☆

适合做便当

用料

鸡琵琶腿	2个（约400克）
柠檬	1个（约100克）
生抽	30毫升
料酒	60毫升
蜂蜜	10克
油	适量

Tips

柠檬的味道跟鸡肉搭配简直太棒了，能消除掉鸡肉的油腻感，让整道菜变得更加清新！减脂期的小伙伴可以将鸡腿肉换成鸡胸肉，热量更低。

做法

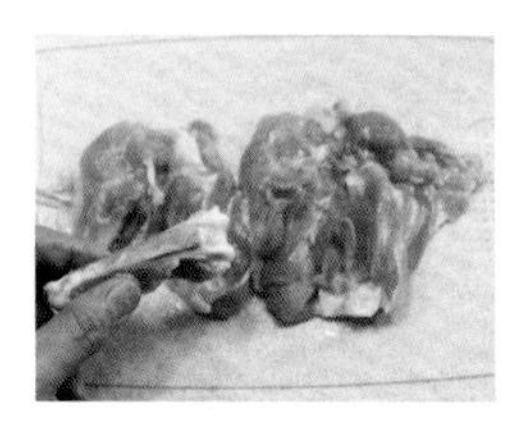

1 鸡琵琶腿洗净、去骨备用。

2 把生抽、料酒、蜂蜜倒入碗中，放入琵琶腿，腌制至少30分钟。

3 平底锅放油，放入腌好的鸡肉，用中火将两面均煎成金黄色。

4 把腌制时用的调料汁倒入锅中。

5 把柠檬切开一半，在鸡肉上淋上柠檬汁。另一半柠檬切片。

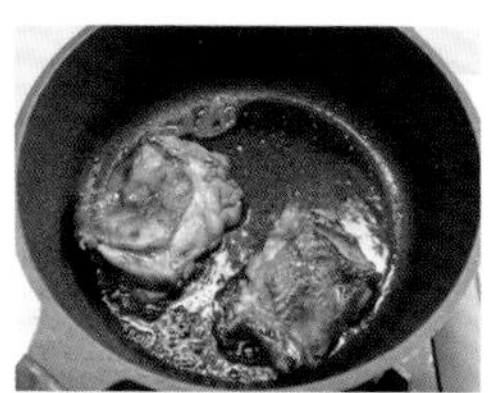

6 继续加热汤汁收至黏稠。

7 煎好后取出切块，装盘，中间夹上柠檬片即可。

柠檬鸡

⌛ 烹饪时间：20 分钟
热量：756 千卡
热量星级：★★★☆☆
适合做便当

用料

鸡腿	2个（约500克）
柠檬	1个（约100克）
小米椒	3个
葱段	2段
姜	2片
生抽	1汤匙
香醋	1汤匙
香菜	2根

Tips

柠檬含有丰富的柠檬酸，有浓郁的芳香气，是一种上等的调味料，与肉类搭配既能提鲜，还能提高菜品的颜值。这道柠檬鸡味道小清新，十分开胃。

做法

1 鸡腿洗净、去骨备用。柠檬切片；香菜切段；小米椒切丁。

2 锅中放水，加入鸡肉、葱段和姜片，煮20分钟。

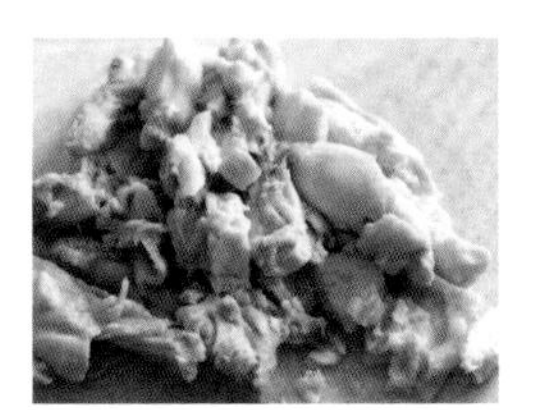

3 捞出煮熟的鸡肉，凉凉，撕成小块。

4 把鸡肉、柠檬片、生抽、香醋、香菜、小米椒放在大碗中，拌匀即可。

如果想烤得均匀，中间可以取出翻面。这款无油版的奥尔良鸡翅，既好吃又健康，非常适合在减脂期食用。

无油版奥尔良烤鸡翅

烹饪时间：25 分钟（不含腌制时间）
热量：930 千卡
热量星级：★★★☆☆
适合做便当

用料

鸡翅中	10个（约500克）
奥尔良腌料	15克

做法

1. 奥尔良腌料加10毫升水混合。
2. 鸡翅中洗净，划上几刀。
3. 鸡翅跟奥尔良腌料混合均匀，腌制至少30分钟。
4. 空气炸锅预热200℃（约5分钟），放入鸡翅，200℃烤18分钟即可。

煮好的鸡胸肉要放凉撕开，撕得越细越好，这样才更容易入味。鸡胸肉富含蛋白质，热量却几乎是肉类中最低的，适合减脂又想解馋的小伙伴！

麻辣鸡丝

烹饪时间：30 分钟
热量：429 千卡
热量星级：★★☆☆☆
适合做便当

用料

鸡胸肉	1块（约200克）		
干辣椒	10个（约50克）		
郫县豆瓣酱	20克	花椒	1小把
葱末、蒜末	各5克	盐	1茶匙
生抽	15毫升	料酒	10毫升
植物油	适量	香油	少许

做法

1. 鸡胸肉煮熟，以筷子插入没有血水流出为准，放凉，撕成鸡丝备用。
2. 锅中放油，放入郫县豆瓣酱、干辣椒、花椒、葱末、蒜末，小火爆香。
3. 然后放入鸡丝大火翻炒。
4. 加入生抽、料酒、盐调味，盛盘，淋上一点香油即可。

手撕鸡

烹饪时间：30 分钟
热量：437 千卡
热量星级：★★☆☆☆
适合做便当

用料

鸡胸肉	1块（约200克）		
洋葱	半个（约100克）		
黄瓜	1根（约300克）		
葱末、蒜末、姜末		各5克	
老干妈酱	2汤匙	香油	适量
醋	3汤匙	生抽	2汤匙
蚝油	2汤匙		

Tips

❶ 撕鸡胸肉的时候一定要顺着纹理来撕，这样才是一条一条的，也更容易入味。

❷ 手撕鸡中的配菜是为了均衡营养，你也可以选择其他喜欢的配菜，比如香菜、西芹、青椒等。

做法

1 鸡胸肉洗净，入沸水锅中煮熟。

2 把鸡胸肉捞出沥水，凉凉，手撕成鸡丝备用。

3 洋葱去皮、切丝，黄瓜洗净、切丝。

4 把除了葱末、蒜末以外的所有调料放入碗中，调匀，制成调料汁。

5 把黄瓜丝、洋葱丝和鸡丝拌匀，放在盘子中，淋上调料汁拌匀。

6 最后撒上葱末、蒜末即可。

黑椒南瓜焖鸡翅

烹饪时间：50 分钟（不含腌制时间）
热量：926 千卡
热量星级：★★★☆☆
适合做便当

用料

南瓜	500克
鸡翅中	8个（约400克）
大蒜	3瓣
姜末	5克
葱末	适量
生抽	30毫升
蚝油	15毫升
白糖	10克
盐	3克

Tips

这道菜不用加一滴水，利用的是食物本身的水分。水分含量多的南瓜要垫在下面，能更好地避免煳锅。

做法

1 鸡翅中洗净，中间划两刀备用；大蒜切末。

2 把鸡翅放在大碗中，加入生抽、蚝油、白糖、盐、葱末、蒜末、姜末。

3 抓匀腌制20分钟。

4 南瓜去瓤，切大块备用。

5 把切好的南瓜平铺在电饭煲内胆底部。

6 上面均匀铺上腌制好的鸡翅中，然后把腌料的汤汁也淋在上面。

7 电饭煲选择标准煮模式，开始焖制，焖制结束，取出盛盘，撒上少许葱末点缀即可。

香菇蒸鸡翅

⏳ 烹饪时间：25 分钟（不含腌制时间）
热量：955 千卡
热量星级：★★★☆☆
适合做便当

用料

鸡翅中	8个（约400克）		
香菇	8个（约150克）		
土豆	1个（约150克）		
生抽	2汤匙	蚝油	1汤匙
料酒	1汤匙	葱末、蒜末	各5克
小米椒	3个	盐	2克
淀粉	1汤匙		

Tips

❶ 鸡翅比较容易熟，待蒸锅开始上汽再放入锅中，开始计时25分钟即可。

❷ 香菇中的香菇嘌呤有较强的抗病毒功能，能够调节机体免疫力。

做法

1 鸡翅中洗净，横着从中间切开备用。

2 鸡翅里加入生抽、蚝油、料酒、葱蒜末、盐和淀粉抓匀。腌制20分钟。

3 香菇洗净，切片；土豆洗净、去皮，切片。

4 盘子底部铺上土豆片和香菇。

5 上面放上腌制好的鸡翅，撒上小米辣，放入已烧开的蒸锅中，大火蒸25分钟。

6 最后撒上少许葱末点缀即可。

土豆鸡肉烙

烹饪时间：20 分钟（不含腌制时间）

热量：533 千卡

热量星级：★★★☆☆

适合做便当

用料

土豆	1个（约150克）
鸡胸肉	200克
料酒	1汤匙
生抽	1汤匙
淀粉	3汤匙
黑胡椒碎	1克
盐	2克
油	适量

Tips

❶ 材料里面的土豆和鸡肉都不要切得过大，否则煎制过程不容易熟。

❷ 这是非常健康也很快手的一道菜，可以作为早餐食用，搭配番茄酱，大人小孩都喜欢。

做法

1 土豆洗净、去皮，切小块，放在水中泡出淀粉备用。

2 鸡胸肉洗净，切小块，加入黑胡椒碎、生抽、盐、料酒和1汤匙淀粉，抓匀，腌制20分钟。

3 土豆沥去水分，放入鸡胸肉里面混合均匀。

4 在土豆鸡肉中加入2汤匙淀粉及2汤匙水，搅拌均匀备用。

5 模具中或者平底锅中放油烧热。

6 放入土豆鸡肉，一面煎至定形，翻面煎至金黄色即可。

韩式烤鸡胸肉

烹饪时间：20 分钟（不含腌制时间）
热量：323 千卡
热量星级：★★☆☆☆
适合做便当

用料

鸡胸肉	1块（约200克）
韩式辣酱	2汤匙
生抽、料酒	各1汤匙
葱末、姜末、蒜末	各5克
盐	半茶匙
油	1汤匙
熟白芝麻、鸡精	各少许

Tips

❶ 鸡胸肉片不宜切得过厚，这样腌制不易入味，烤制不易熟。

❷ 韩式辣酱绝对是方便又百搭的好调料，可以跟很多食材搭配，除了鸡肉，还可以用牛肉这样做。

做法

1 鸡胸肉洗净，切片备用。

2 鸡胸肉中加入生抽、料酒、葱末、姜末、蒜末、盐、鸡精，混合均匀。

3 再加入韩式辣酱，搅拌均匀，腌制30分钟。

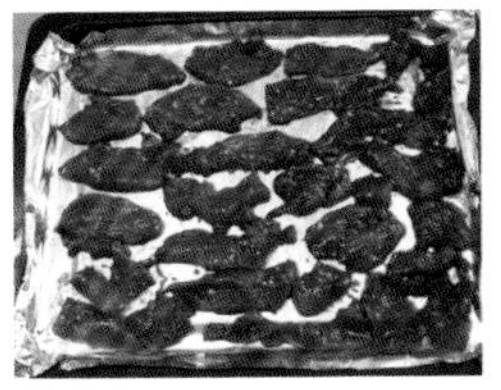

4 烤盘上放锡纸，刷上油，把腌制好的鸡胸肉平铺在烤盘上。

5 放入烤箱，180℃烤15分钟。

6 取出后装盘，撒上熟白芝麻即可。

洋葱炒鸡胸肉

烹饪时间：30 分钟
热量：285 千卡
热量星级：★★☆☆☆
适合做便当

用料

鸡胸肉	1块（约200克）		
洋葱	半个（约100克）		
生抽	1汤匙	料酒	10毫升
孜然粉、辣椒粉	各1克	淀粉	1茶匙
盐	3克	油	适量

做法

1. 鸡胸肉洗净，切薄片；洋葱去皮，切丝。
2. 把鸡胸肉放在大碗中，放入生抽、料酒、孜然粉、辣椒粉、淀粉混合均匀，腌制10分钟。
3. 锅中放油烧热，放入洋葱丝炒软。
4. 放入腌制好的鸡胸肉，继续翻炒至鸡胸肉变色。
5. 最后撒入盐调味即可。

Tips

把对半切开的洋葱放入清水中浸泡一会儿，再用沾了水的刀来切，或者在切洋葱之前先把它放入冰箱冷冻一会儿，都可以避免辣眼睛的情况。

韩式土豆炖鸡块

烹饪时间：30 分钟
热量：943 千卡
热量星级：★★★☆☆
适合做便当

用料

去骨鸡腿肉	2个（约500克）		
去皮小土豆	2个（约200克）		
尖辣椒	1个（约50克）		
洋葱	半个（约100克）		
胡萝卜	半根（约50克）		
生抽	10毫升	韩式辣酱	15克
盐	少许	油	适量

做法

1. 鸡腿、土豆、胡萝卜分别洗净，切块；洋葱去皮，切丝；尖辣椒洗净、去子，切块。
2. 锅中放油，加入鸡块，两面煎至金黄色。
3. 加入洋葱、土豆和胡萝卜翻炒均匀。
4. 加入生抽、韩式辣酱，加适量水没过食材。
5. 小火炖到汤汁变黏稠，加入尖辣椒混合均匀，加入盐调味后即可出锅。

Tips

炖制过程要小火慢炖，把土豆炖透了，汤汁炖黏稠了才好吃，慢慢来别着急！韩式辣酱我喜欢选择国产的品牌，更适合国人的口味。

低脂香脆鸡块

烹饪时间：30 分钟（不含腌制时间）
热量：429 千卡
热量星级：★★☆☆☆
适合做便当

用料

鸡胸肉	200克
鸡蛋	1个（约60克）
生抽	半汤匙
料酒	半汤匙
蚝油	半汤匙
面粉	30克
面包糠	适量
盐	1克

Tips

因为不同的烤箱温度有差别，所以烤制的时候要注意观察，待鸡块表面呈金黄色即可，不要烤得颜色过深，否则影响口感。

做法

1 鸡胸肉洗净，切小块备用。

2 鸡胸肉加入生抽、蚝油、料酒、盐腌制半小时。

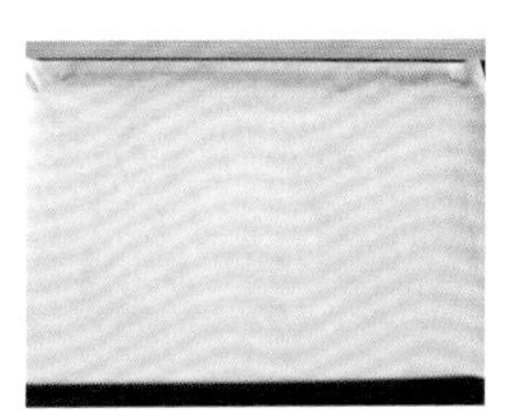

3 烤盘上铺上油纸。鸡蛋打成蛋液。

4 把腌制好的鸡胸肉裹上面粉，然后放在鸡蛋液里裹一下。

5 再裹上面包糠。

6 将鸡块放在烤盘里，入烤箱，180℃烤25分钟左右即可。

香菜牛肉

烹饪时间：20 分钟
热量：420 千卡
热量星级：★★☆☆☆
适合做便当

用料

牛肉	300克	大蒜	5瓣
干辣椒	1小把	生抽	2汤匙
蚝油	1汤匙	料酒	1汤匙
胡椒粉	2克	盐	2克
淀粉	少许	香菜	1小把
香油	1茶匙	油	适量

Tips

❶ 牛肉要想炒得不老，有两个要点：一是要提前腌制，二是炒制的时候大火快炒，缺一不可。

❷ 香菜含有挥发油，其特殊的香气能去除肉类的腥膻味，起到提鲜、增味的独特功效。

做法

1 牛肉洗净，切片备用。

2 牛肉中加入料酒、蚝油、香油、胡椒粉、淀粉、1汤匙生抽抓匀，腌制10分钟备用。

3 蒜切末；香菜去根、洗净，切段备用。

4 平底锅放油，放入牛肉片，炒至变色，盛出备用。

5 锅中留底油，放入蒜末和辣椒爆香。

6 放入牛肉和香菜炒匀，加1汤匙生抽和少许盐调味后即可出锅。

蒜香黑椒牛肉粒配时蔬

烹饪时间：20 分钟
热量：401 千卡
热量星级：★★☆☆☆
适合做便当

用料

牛里脊	250克
黄油	15克
玫瑰盐	1茶匙
黄彩椒	半个
蒜	半头
黑胡椒碎	1茶匙
时蔬	随意

Tips

❶ 这道菜做法简单又好吃，可以搭配千岛酱或者芝麻焙煎酱料食用。

❷ 牛肉富含蛋白质，是增肌减脂的好食材。

做法

1 牛肉切粒；大蒜剥成蒜瓣。平底锅烧热，放入黄油化开，放入牛肉粒。

2 待牛肉粒四面煎至金黄色，放入蒜瓣，撒上玫瑰盐调味。

3 在盘子中用时蔬随意搭配铺底，放上半个洗净、去瓤的黄彩椒。

4 把炒好的牛肉粒放入彩椒里面，撒上适量黑胡椒碎即可。

迷迭香铁锅烤牛肉

增肌减脂　暖胃暖身

烹饪时间：30 分钟（不含腌制时间）
热量：736 千卡
热量星级：★★★☆☆
适合做便当

用料

牛里脊肉	1块（约500克）
土豆	1个（约200克）
胡萝卜	1根（约100克）
蘑菇	适量
迷迭香	少许
盐	1茶匙
黑胡椒碎	适量
橄榄油	适量

做法

1 牛里脊肉用松肉锤子敲击，使肉质变得松软。

2 用刀在牛里脊上划十字刀，撒上盐和黑胡椒碎反复按摩，腌制1小时左右。

3 土豆洗净、去皮，切块；胡萝卜洗净、切块；蘑菇洗净备用。

4 铸铁锅倒入橄榄油，放入牛肉，正反两面煎至金黄色，盛出备用。

5 铸铁锅留底油，放入土豆炒熟。

6 放入胡萝卜和蘑菇，翻炒均匀，盛出装盘。

7 把煎好的牛肉放在蔬菜上面，放上迷迭香。

8 放入烤箱，200℃烤20分钟左右即可。

Tips

铸铁平底锅是我比较推荐的一款厨房用锅，一般的料理都可以胜任，还能整体放入烤箱进行烘烤，这样做烤箱菜就不用中途再腾入烤盘里了。想大口吃肉、大口吃菜，又懒得费事，干脆丢进烤箱，烤出的牛排外焦里嫩，搭配的蔬菜比牛肉都好吃！

健康烹饪　少油低盐

牙签牛肉

烹饪时间：30 分钟（不含腌制时间）

热量：401 千卡

热量星级：★★☆☆☆

适合做便当

用料

牛肉	300克	生抽	1汤匙
蚝油	1汤匙	孜然粉	1茶匙
胡椒粉	1茶匙	辣椒粉	1茶匙
茴香	1茶匙	熟白芝麻	少许
香菜末	少许	油	1汤匙

Tips

可根据自己家的烤箱适当调整时间，以表面变色为准。如果不想出去吃烧烤，在家里也可以解馋，用烤箱烤制，没有明火，更卫生更健康，也能烤出焦焦的口感来。这道菜把肉穿在牙签上烤，受热更均匀，还能获得那种“撸串”的感觉。

做法

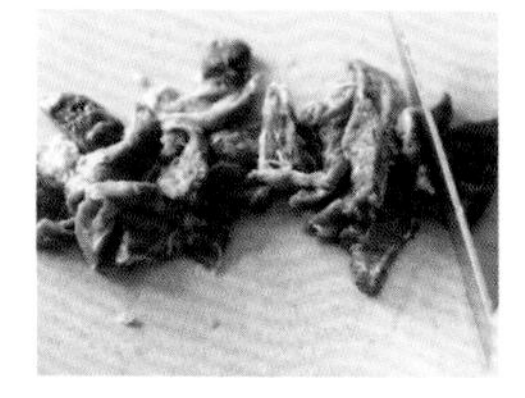

1 牛肉洗净，切片备用。

2 把生抽、蚝油、辣椒粉、胡椒粉、孜然粉、茴香、油放入牛肉中，腌制20分钟。

3 牙签提前放在水中浸泡。

4 用牙签把肉片穿好；烤盘铺锡纸，把肉串摆放在烤盘上。

5 烤箱预热200℃，放入烤盘，烤制10～15分钟，取出。

6 撒上熟白芝麻和香菜末即可。

杂蔬烤牛排

烹饪时间：30 分钟（不含腌制时间）
热量：491 千卡
热量星级：★★★☆☆
适合做便当

用料

牛肉	200克
土豆	半个（约150克）
胡萝卜	半根（约100克）
洋葱	半个（约100克）
西蓝花	半个（约150克）
黑胡椒碎	2克
盐	3克
橄榄油	适量

Tips

❶ 最好选择原切牛排，比较嫩，容易熟。牛排要用厨房纸吸干水分再腌，更容易入味。

❷ 这道菜有肉有菜，又采用了烤箱的料理方式，十分健康！调料只用到橄榄油、黑胡椒和盐，减脂期吃它也毫无负担！

做法

1 牛排洗净，用厨房纸吸干水分，加入部分黑胡椒碎和盐腌制半小时。

2 土豆洗净、去皮，切块；胡萝卜洗净、切块；洋葱去皮、切块；西蓝花洗净、切块。

3 把蔬菜放入大碗中，倒入橄榄油，加入剩余黑胡椒碎和盐混合均匀。

4 把蔬菜放入烤盘中，上面放上腌制好的牛排。

5 放入烤箱，180℃烤30分钟。中间可以取出把牛肉翻面再烤。

孜然牛肉

烹饪时间：20 分钟（不含腌制时间）

热量：389 千卡

热量星级：★★☆☆☆

适合做便当

用料

牛肉	250克		
洋葱	半个（约100克）		
孜然粉	1克	蚝油	1汤匙
料酒	1汤匙	生抽	1汤匙
盐	2克	辣椒段	10个
孜然粒	1汤匙	葱、蒜	各5克
油	适量		

Tips

❶ 牛肉要大火快炒，别炒老了。切牛肉的时候要逆着牛肉的纹理切，把纤维切断，这样炒出的牛肉比较嫩。

❷ 孜然能够理气开胃、祛寒除湿，其中的多酚类物质具有抗氧化、降血压、降血脂、调节免疫力等功效。

做法

1 牛肉切片，放入孜然粉、蚝油、生抽、盐、料酒、适量油抓匀，腌制20分钟。

2 葱、蒜切末；洋葱去皮、切丝备用。

3 锅中放油，放入葱末、蒜末、辣椒段、孜然粒爆香。

4 放入牛肉，大火快炒至变色。

5 放入洋葱丝，翻炒几下，加入少许盐调味，盛盘后撒上少许孜然粒装饰即可。

番茄肥牛

烹饪时间：20 分钟

热量：359 千卡

热量星级：★★☆☆☆

适合做便当

用料

番茄	1个（约200克）		
肥牛	150克	番茄酱	1汤匙
生抽	1汤匙	盐	1茶匙
白糖	1茶匙	葱、蒜	各5克
油	适量		

Tips

❶ 焯烫肥牛片这步是为了除去血水和腥味，以保证最后的成品汤汁纯正，一定不要省略。

❷ 这道番茄肥牛是标准的快手下饭菜，一个番茄，一点肥牛片就可以做出一道非常美味的料理，搭配白米饭非常不错！

做法

1 番茄洗净，划十字刀，在火上烤一下，剥去番茄皮。

2 肥牛片放在开水锅中，烫至变色，捞出备用。

3 番茄切块，葱、蒜切末备用。

4 锅中放油，放入葱末、蒜末、番茄丁、生抽、番茄酱和白糖，炒出汤汁。

5 加入肥牛片和适量水煮开。

6 最后加入盐调味，出锅撒上葱花即可。

小辣椒爆炒小肥牛

烹饪时间：20 分钟
热量：514 千卡
热量星级：★★★☆☆
适合做便当

用料

肥牛片	250克	小米椒	1把
杭椒	1把	葱末、蒜末	各5克
生抽	1汤匙	盐	1茶匙
料酒	1汤匙	油	适量

Tips

❶ 这道菜一定要大火爆炒，先把食材都准备好，然后开大火以最快的速度炒熟，才是这道菜的真谛。

❷ 牛肉中的肌氨酸含量很高，它对增长肌肉、增强力量特别有效，健身的人群应该常吃。

做法

1 小米椒切块，杭椒切块，葱、蒜切末备用。

2 锅中放水，煮开，放入肥牛片和料酒，煮至变色，捞出控水。

3 锅中放油，放入葱末、蒜末爆香。

4 放入切块的小辣椒，爆炒出香味。

5 接着放入肥牛，加入生抽、盐调味，即可出锅。

蒜蓉香菇蒸排骨

烹饪时间：20 分钟（不含腌制时间）

热量：898 千卡

热量星级：★★★☆☆

适合做便当

用料

排骨	300克	鲜香菇	50克
生抽	10毫升	蚝油	5毫升
料酒	10毫升	盐	2克
胡椒粉	1克	淀粉	10克
油	少许	蒜	1头
葱末	少许		

Tips

❶ 如果时间允许，可以先将排骨放在清水中浸泡30分钟，除去血水，这样蒸出来的排骨味道更佳。用香菇来搭配排骨更能突出鲜味。

❷ 蒸的做法可以最大程度保持住食物本身的味道，而且少油少盐，更加健康！

做法

1 排骨洗净、斩段；香菇洗净；蒜去皮、剁成蒜蓉。

2 排骨加入生抽、料酒、蚝油、盐、胡椒粉、蒜蓉、淀粉和少许油，抓匀腌制30分钟。

3 香菇切片，放在盘子中，把腌制好的排骨放在上面，剩下的调料汁也都淋在上面。

4 准备好蒸锅，待蒸锅上汽，放入排骨蒸20分钟。

5 蒸好的排骨能用筷子轻松插入即可，最后撒上葱末，搞定！

苦瓜酿肉

烹饪时间：30 分钟
热量：793 千卡
热量星级：★★★☆☆
适合做便当

用料

苦瓜	1根（约250克）
猪肉末	150克
鸡蛋	1个（约60克）
生抽	1汤匙
料酒	半汤匙
十三香	1克
盐	3克
葱末、姜末	各5克
淀粉	1汤匙
水淀粉	适量

Tips

夏天吃点苦瓜很败火，加点肉馅做成苦瓜酿肉，有菜有肉，营养更均衡。常吃苦瓜还能增强肌肤活力，使皮肤变得细嫩健美。

做法

1 苦瓜洗净、去瓤，切段备用。

2 猪肉末中加入鸡蛋、葱末、姜末、十三香、盐、淀粉、生抽和料酒，沿一个方向搅拌上劲。

3 用筷子把肉馅酿入苦瓜里面。

4 蒸锅中烧开水，把苦瓜放入，大火蒸10分钟。

5 取一个平底锅，把蒸好的苦瓜里面的汤汁倒入，加入水淀粉勾芡成黏稠状。

6 把勾芡好的芡汁淋在苦瓜上面即可。

肉丝炒圆白菜

营养均衡　通便清肠　减脂瘦身

烹饪时间：20 分钟
热量：543 千卡
热量星级：★★★☆☆

用料

圆白菜	半个（约500克）
猪肉	100克
生抽	2汤匙
盐	2克
干辣椒	10个
葱末、蒜末	各5克
料酒	1汤匙
油	适量

Tips

❶ 炒猪肉的时候一定要大火爆炒，这样炒出来的肉质很嫩。圆白菜不宜切得过大，否则不容易熟。

❷ 圆白菜的膳食纤维很丰富，有助于通便清肠，利于减脂瘦身。

做法

1 圆白菜洗净，切块备用；干辣椒切小段。

2 猪肉切丝，放入料酒、1汤匙生抽、一点油和盐，腌制10分钟。

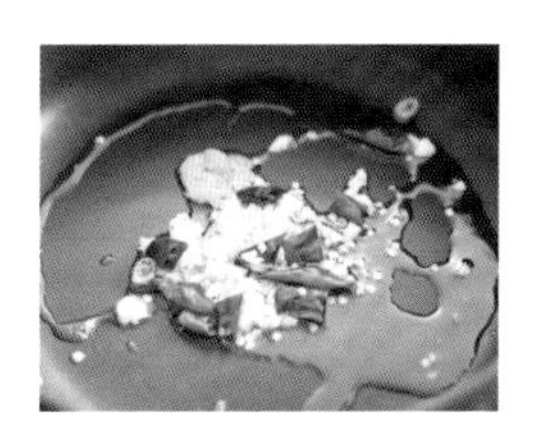

3 锅中放油烧热，放入葱末、蒜末和辣椒段爆香。

4 放入猪肉，炒至变色。

5 放入圆白菜，炒软、炒熟。

6 加入盐、生抽调味即可。

肉末炒四季豆

烹饪时间：20 分钟

热量：928 千卡

热量星级：★★★☆☆

适合做便当

用料

四季豆	500克
猪肉末	200克
葱末、蒜末	各5克
十三香	1克
生抽	2汤匙
盐	3克
油	适量

Tips

❶ 四季豆一定要炒熟，否则不熟的四季豆有可能引起腹泻中毒哦！把四季豆切得小一点，更容易炒熟。

❷ 四季豆富含维生素K，维生素K能增加骨密度，可以强壮骨骼，降低骨折的风险。

做法

1 四季豆择洗净，切成小丁备用。

2 锅中放油，中小火慢慢把四季豆炒变色、变软后盛出。

3 锅中留底油，放入肉末炒至变色。

4 加入葱末、蒜末和十三香，翻炒出香味。

5 然后放入四季豆，翻炒均匀。

6 最后加入盐和生抽调味即可。

肉末蒸水蛋

烹饪时间：15 分钟
热量：588 千卡
热量星级：★★★☆☆
适合做便当

用料

鸡蛋	2个（约120克）
猪肉末	100克
葱末、蒜末	各5克
生抽	1汤匙
蚝油	1汤匙
盐	2克
油	适量

Tips

❶ 蒸水蛋的时候一定要盖上保鲜膜，等到锅中蒸汽开始持续冒出时，放入蛋液开始计时，时间不宜过长，这样蒸出来的水蛋才很嫩！

❷ 肉末搭配鸡蛋羹，可以补充营养，还能提升口感。

做法

1 鸡蛋打散，加入200毫升温水，充分混合均匀。

2 将鸡蛋液过筛，除去大气泡。

3 蛋液上加盖保鲜膜；蒸锅中放入水，烧开至上汽后，放入蛋液，蒸10分钟左右。

4 另起锅，放油，放入葱末、蒜末爆香。

5 放入肉末翻炒均匀，炒至肉末变色。

6 加入生抽、蚝油、盐调味。

7 盛出肉末，淋在鸡蛋羹上，撒上少许葱末点缀即可。

麻婆豆腐

烹饪时间：20 分钟
热量：602 千卡
热量星级：★★★☆☆
适合做便当

用料

老豆腐	1块（约500克）		
牛肉	100克		
葱末、蒜末、姜末		各5克	
郫县豆瓣酱		1汤匙	
黄酱	1汤匙	花椒	1小把
生抽	1汤匙	油	适量
水淀粉	半碗	干辣椒	3个

Tips

这道菜不用加盐，因为豆瓣酱、黄酱和生抽都带咸味。放入豆腐后不要使劲翻炒，否则豆腐会碎掉。如果不喜欢成菜里面有花椒，可在第一步先用油把花椒炒香后把花椒捞出，然后再开始炒肉末即可。

做法

1 豆腐洗净，切块；牛肉洗净，切末。

2 锅中放油，放入牛肉末炒变色，加入1小把花椒，小火炒香。

3 加入郫县豆瓣酱、黄酱、生抽、葱末、姜末、蒜末、干辣椒，小火炒香。

4 倒入1小碗清水煮开，大火收一下汤汁。

5 加入豆腐块，轻轻翻拌匀，不要使劲翻炒。

6 倒入事先准备好的半碗水淀粉，煮至汤汁黏稠，出锅后撒一点葱末点缀即可。

腊肠炒西葫芦

⌛ 烹饪时间：15 分钟
热量：324 千卡
热量星级：★★☆☆☆
适合做便当

用料

西葫芦	1个（约250克）
腊肠	1根（约100克）
生抽	1汤匙
盐	2克
葱、蒜	各5克
油	适量

Tips

❶ 这道菜用到的腊肠是我喜欢的广式腊肠，带有微微的甜味，当然你也可以换成其他口味的腊肠。

❷ 这是一道非常快手的家常菜，西葫芦鲜嫩易熟，口味清淡，与腊肠是完美的结合，营养还能互补。

营养均衡　简单快手

做法

1 西葫芦洗净、切片备用。

2 葱、蒜切末；腊肠切片备用。

3 锅中放油，放入葱末、蒜末爆香。

4 放入腊肠，炒出香味。

5 放入西葫芦，炒软炒熟。

6 最后放入盐和生抽调味即可。

荷兰豆炒腊肠

少盐烹饪 营养食材 简单快手

烹饪时间：15 分钟
热量：476 千卡
热量星级：★★☆☆☆
适合做便当

用料

荷兰豆	250克
腊肠	1根（约150克）
盐	2克
蒜末	5克
油	适量

做法

1 荷兰豆择洗干净，备用。

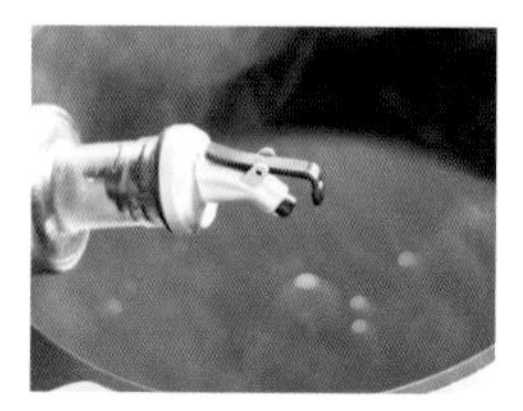

2 锅中烧开水，放少量油。

3 将荷兰豆放入沸水锅中焯水1分钟，捞出控水备用。

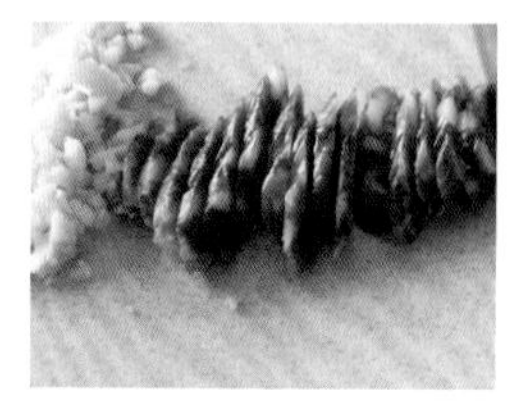

4 蒜切末，腊肠切片备用。

5 锅中放油，放入蒜末爆香。

6 放入腊肠炒香。

7 放入荷兰豆炒匀。

8 最后加盐调味即可。

Tips

❶ 要想荷兰豆爽脆可口，焯水时间不宜过长，取出后可以放在凉水中投凉。

❷ 在焯烫荷兰豆的水中加少许油，可令荷兰豆保持翠绿的颜色。

❸ 腊肠已经带有盐分，因此这道菜的盐要少放。

芦笋炒腊肠

⌛ 烹饪时间：20 分钟

热量：867 千卡

热量星级：★★★☆☆

适合做便当

用料

芦笋	10根（约300克）
腊肠	2根（约300克）
葱末	5克
生抽	1汤匙
盐	2克
油	适量

Tips

❶ 芦笋要事先焯水，但焯水时间不宜过长，以免影响爽脆的口感。

❷ 清清爽爽的芦笋搭配重口味的腊肠，这两个放在一起，就是荤素搭配最好的体现，好吃还快手！

做法

1 芦笋洗净、切段；腊肠切片备用。

2 锅中烧开水，加一点油和盐，放入芦笋汆烫30秒，捞出控水备用。

3 炒锅放油，放入葱末爆香。

4 放入腊肠，炒至出油。

5 放入芦笋炒匀。

6 最后加入生抽和盐调味即可。

烤培根南瓜卷

烹饪时间：30 分钟
热量：454 千卡
热量星级：★★☆☆☆
适合做便当

用料

培根	4片（约200克）
小南瓜	半个（约400克）
黑胡椒粉	2克
盐	1克
橄榄油	少许

Tips

❶ 南瓜条不宜切得太厚，烤的时候注意观察，表面上色、烤至金黄即可。

❷ 装盘的时候，可以用一点蔬菜粒和沙拉酱装饰。

❸ 南瓜富含膳食纤维，有很好的饱腹感，可以作为减脂期的常备食材。

做法

1 把南瓜洗净，切开，去瓤，切成四个长条状。

2 将培根绕南瓜一圈，用牙签固定，放入烤盘。

3 烤箱预热200℃；把南瓜淋上一点橄榄油，放入烤箱，烤15～20分钟。

4 取出后撒上盐和黑胡椒碎即可。

麻辣龙利鱼

促进代谢　燃脂减脂　好学易做

⏳ 烹饪时间：30 分钟（不含腌制时间）
热量：595 千卡
热量星级：★★★☆☆
适合做便当

用料

龙利鱼	1条（约200克）
干豆腐皮	半张（约125克）
芹菜	2棵（约200克）
洋葱	半个（约100克）
杭椒	8个
小米椒	5个
白玉菇	适量
盐	1茶匙
葱末、姜末、蒜末	各5克
老干妈酱、黄酱	各1汤匙
料酒	1茶匙
生抽	1汤匙
干辣椒丝、豆芽	各适量
麻椒粒	1小把
油	适量

做法

1 龙利鱼切块，用料酒、盐和生抽腌制30分钟。

2 干豆腐皮切条；豆芽洗净；芹菜洗净、切段；白玉菇洗净，切段；杭椒、小米椒分别洗净、切丁。

3 锅中放油，放入葱末、姜末、蒜末爆香，然后放入老干妈酱、干辣椒丝、洋葱丝和部分杭椒、小米椒，翻炒均匀。

4 倒入清水煮开，放入白玉菇、芹菜、干豆腐皮、豆芽煮熟，加黄酱和盐调味。

5 把煮熟的蔬菜和一部分汤汁盛出，放入大碗中。

6 锅中留底汤，放入龙利鱼，煮熟。

7 然后把龙利鱼放在蔬菜上面，撒上葱末、蒜末、杭椒丁、小米椒丁、麻椒粒。

8 锅中烧热油，淋在龙利鱼上面即可。

Tips

❶ 这道菜里面的配菜可以根据自己的喜好添加，鱼肉也可以变成牛肉等。

❷ 麻辣龙利鱼里面有菜有肉，吃完浑身冒汗、热乎乎的，有利于促进新陈代谢，还能燃脂。

金针豆豉蒸龙利鱼

烹饪时间：20 分钟（不含腌制时间）

热量：259 千卡

热量星级：★★☆☆☆

适合做便当

用料

龙利鱼	1条（约200克）		
金针菇	1把（约100克）		
豆豉酱	2汤匙	生抽	1汤匙
白糖	1茶匙	胡椒粉	1茶匙
黄酒	1汤匙	盐	1茶匙
葱末、蒜末	各5克	油	适量

Tips

❶ 龙利鱼解冻之后一定要把水控干，可以用厨房纸把水分吸得更完全，然后再进行腌制。

❷ 龙利鱼富含不饱和脂肪酸，具有抗动脉粥样硬化之功效，对防治心脑血管疾病和增强记忆颇有益处。

做法

1 龙利鱼解冻、控水，切小块，用胡椒粉、黄酒、半茶匙盐腌制30分钟。

2 把豆豉酱、生抽、白糖、半茶匙盐以及葱末、蒜末放进碗中，调制成调料汁。

3 金针菇去根、洗净，摆放在盘子里。

4 龙利鱼放在金针菇上面，淋上调料汁。

5 蒸锅中烧开水，放入龙利鱼，蒸15分钟。

6 蒸好的龙利鱼撒上一点葱末；小锅烧热油，淋在龙利鱼上即可。

黑胡椒煎龙利鱼配时蔬

烹饪时间：30 分钟（不含腌制时间）
热量：596 千卡
热量星级：★★★☆☆
适合做便当

用料

龙利鱼	1条（约200克）		
胡萝卜	1根（约200克）		
土豆	1个（约250克）		
洋葱	半个（约100克）		
杏鲍菇	1个（约100克）		
生抽	1汤匙	蚝油	1汤匙
蜂蜜	1汤匙	盐	1茶匙
黑胡椒碎	适量	欧芹碎	少许
黄油	适量		

Tips

龙利鱼解冻之后会出很多水，要用厨房纸吸干水分，再进行后面的操作。

做法

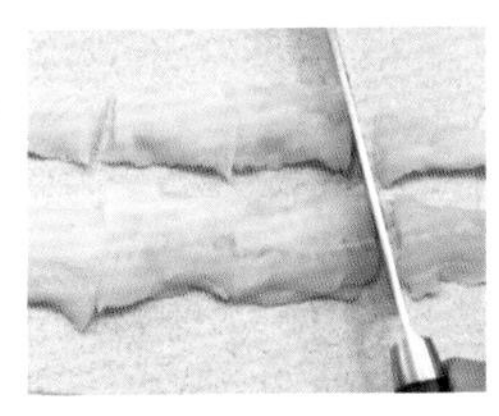

1 龙利鱼解冻，切块备用。

2 龙利鱼用生抽、蚝油、蜂蜜和部分盐、黑胡椒碎腌制30分钟。

3 胡萝卜、土豆、杏鲍菇分别洗净、切块；洋葱去皮，切丝备用。

4 锅中放部分黄油化开，放入土豆，煎至金黄色。

5 加入杏鲍菇块、胡萝卜块和洋葱丝，炒熟。

6 加剩余盐和黑胡椒碎调味，盛出装盘备用。

7 锅中再放少许黄油，放入龙利鱼，煎至两面呈金黄色。

8 最后装盘，撒上欧芹碎即可。

豆豉鲮鱼油麦菜

烹饪时间：10 分钟
热量：914 千卡
热量星级：★★★☆☆

用料

豆豉鲮鱼罐头	1盒（约220克）
油麦菜	3把（约300克）
葱末、蒜末	各5克
盐	1克
鸡精	2克
油	适量

Tips

把鱼肉撕成条状，跟油麦菜炒起来才入味。可以把罐头里面的油放一点进锅里，味道更好。这道菜可以不放盐或者少放盐，因为豆豉鲮鱼本身已经够咸了。这是一道超级快手菜，特别适合在没有时间做饭的时候来解决一餐。

做法

1 油麦菜择洗净、切段。

2 取出豆豉鲮鱼，撕成条状。

3 锅中放油，放入葱末、蒜末爆香。

4 放入油麦菜炒软。

5 倒入豆豉鲮鱼，翻炒均匀。

6 放入盐和鸡精调味即可。

虾仁滑蛋

烹饪时间：20 分钟
热量：508 千卡
热量星级：★★★☆☆
适合做便当

用料

大虾	6个（约120克）		
鸡蛋	4个（约240克）		
料酒	1汤匙	盐	3克
白胡椒粉	1克	黑胡椒碎	适量
淀粉	1汤匙	油	适量

Tips

❶ 炒蛋的时候炒至七八成熟即可，余温会让鸡蛋继续凝固一点，不要炒至全熟，否则就失去软糯的口感了。

❷ 虾仁和鸡蛋是一组完美搭配，富含蛋白质，热量也不高，减脂期间吃也毫无压力。

做法

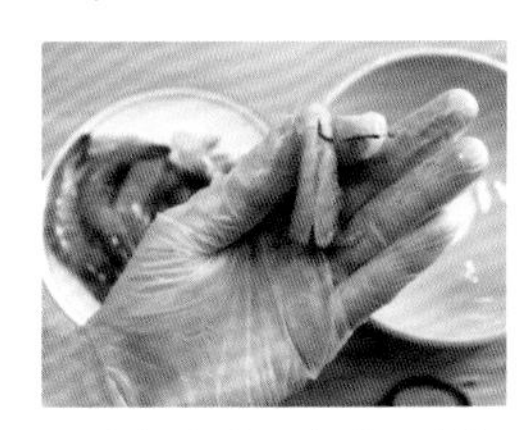
1 大虾去头、去皮、去虾线，备用。鸡蛋打成蛋液。

2 虾仁加入料酒、白胡椒和盐腌制10分钟。

3 把淀粉和适量水混合，加入蛋液中，充分混合均匀。

4 锅中放油，烧热后放入虾仁，炒至变色。

5 将虾仁盛入蛋液中，混合均匀。

6 锅中放油，加热，倒入虾仁鸡蛋液，中小火炒至凝固。

7 最后撒上黑胡椒碎和少许盐调味即可。

鲜虾豆腐羹

烹饪时间：30 分钟
热量：578 千卡
热量星级：★★★☆☆
适合做便当

用料

虾	250克
嫩豆腐	1块（约400克）
豆芽	适量
葱末、蒜末	各5克
味醂	1汤匙
酱油	半汤匙
盐	3克
胡椒粉	1克
水淀粉、油	各适量

Tips

我一般是用剪刀剪开虾背，这样虾线就很容易取出了。虾头用油煸一下，把虾油煸出，用来煮汤味道会非常鲜美，营养也没有浪费。

做法

1 鲜虾去头、去壳，除去虾线；虾头留下，与虾肉分别盛放。

2 小锅放油，放入虾头，煎至金黄色。

3 加水煮开，然后捞去虾头，留虾汤备用。

4 将虾汤注入汤锅中，放入豆芽、豆腐和虾仁，煮开。

5 加入味醂、酱油、盐、蒜末、胡椒粉调味。

6 临出锅时倒入适量水淀粉，煮至稍微黏稠，撒上葱末即可。

日式照烧虾

⌛ 烹饪时间：30 分钟
热量：540 千卡
热量星级：★★★☆☆
适合做便当

用料

虾	500克
日式酱油	2汤匙
味醂	1汤匙
蜂蜜	1汤匙
面粉	少许
油	适量

Tips

这道“日式照烧虾”简单易学，里面的调料汁很百搭，日式酱油：味醂：蜂蜜=2：1：1的比例即可，用它来烧肥牛和鸡肉也是可以的！

做法

1 鲜虾去头、去壳、去虾线，留虾尾备用。

2 碗中放入酱油、味醂、蜂蜜，调匀制成调味汁，备用。

3 把虾仁放在面粉里，裹上面粉备用。

4 平底锅放油，放入虾仁，正反面煎至金黄色。

5 倒入事先调制好的调料汁。

6 翻炒至鲜虾裹上调料汁即可关火盛盘。

无油
烹饪

低盐
低脂

盐焗虾

烹饪时间：20 分钟（不含腌制时间）
热量：299 千卡
热量星级：★★☆☆☆
适合做便当

用料

鲜虾	10只（约300克）
海盐	适量
米酒	2汤匙
黑胡椒碎	1茶匙
蒜末	5克

Tips

❶ 烤的时候要注意观察，看到虾变色即可出炉。

❷ 这道菜比较清淡，调味料非常简单，所以能吃到食材本身的味道。清淡而富有营养的食物，更有利于轻身减脂。

做法

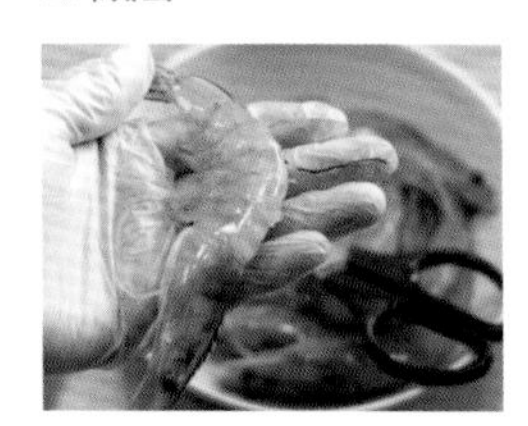

1 鲜虾洗净，开背去虾线。

2 用米酒和黑胡椒碎将虾腌制30分钟以上。

3 用竹签把虾穿起来。

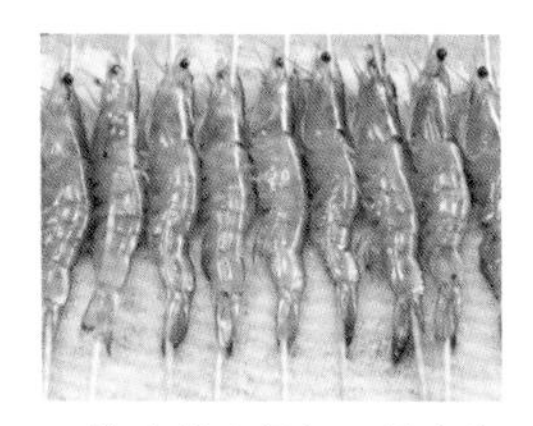

4 烤盘放上锡纸，铺上海盐，把虾摆放在上面。

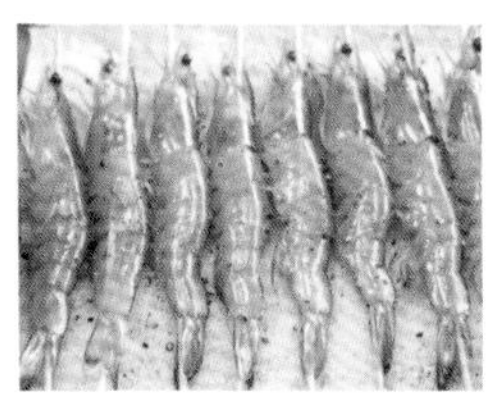

5 撒上黑胡椒碎和蒜末。

6 放入烤箱，200℃烤10分钟即可。

蒜香开背虾

烹饪时间：20 分钟（不含腌制时间）
热量：539 千卡
热量星级：★★★☆☆
适合做便当

用料

大虾	500克
蒜	1头（约50克）
黑胡椒碎	1茶匙
盐	1茶匙
鸡精	少许
料酒	1汤匙
柠檬汁	1茶匙
油	适量

Tips

❶ 蒜末一定要切得大小均匀，炸至金黄色即可，时间不要过长，以免炸煳。

❷ 用柠檬汁腌制大虾，既可以去腥，还能获得一种水果的清新口味，非常开胃提神。

做法

1 大虾洗净，去须，开背去虾线。蒜去皮、切末。

2 将大虾用料酒和柠檬汁腌制30分钟。

3 锅中放适量油，放入蒜末，中小火炸至金黄色。

4 捞出炸好的蒜末，控油备用。

5 锅里留底油，放入大虾炒至变色。

6 放入炸好的蒜末、黑胡椒碎、盐和鸡精调味即可。

番茄芥末酸渍大虾

烹饪时间：20 分钟
热量：150 千卡
热量星级：★☆☆☆☆
适合做便当

用料

虾	2只（约60克）
番茄	1个（约200克）
洋葱	半个（约100克）
黄芥末酱	1汤匙
橄榄油	1汤匙
盐	半茶匙
柠檬汁	1茶匙
黑胡椒碎	少许

做法

1 洋葱去皮，切碎，用盐和橄榄油先腌制一下。

2 大虾去头、去壳、去虾线，入沸水锅中氽熟，捞出控水备用。

3 番茄洗净，去皮，切块，放入洋葱碎中，加入芥末酱和柠檬汁，拌匀。

4 把做法3中的材料放入圆桶形模具中压实，摆入盘中，去掉模具，上面放上大虾，撒上黑胡椒碎即可。

Tips

❶ 番茄切成1厘米见方的小丁，洋葱可以切得更碎一些。一定要在模具中压实，否则取出模具的时候材料就会散掉。

❷ 这道菜严格来说是一道餐前开胃菜，芥末搭配上柠檬汁，瞬间打开味蕾，为之后的主菜做好准备。

腐乳辣味虾

烹饪时间：20 分钟（不含腌制时间）

热量：529 千卡

热量星级：★★★☆☆

适合做便当

用料

鲜虾	500克
腐乳	半块（约20克）
腐乳汤	1汤匙
郫县豆瓣酱	1汤匙
白糖	1茶匙
葱末、姜末、蒜末	各5克
料酒	1汤匙
盐	1克
油	适量

Tips

这道菜的主要材料有腐乳和郫县豆瓣酱，所以盐一定要少放或者不放。这道菜的口味是微辣带咸，吃腻了油焖大虾的朋友们可以尝试一下。

做法

1 大虾洗净，开背，除去虾线。

2 将大虾用料酒、盐腌制30分钟左右。

3 把腐乳、腐乳汤、郫县豆瓣酱、白糖调制成调料汁备用。

4 锅中放油，放入大虾，翻炒至变色。

5 放入葱末、姜末、蒜末和调料汁，翻炒均匀。

6 炒至汤汁黏稠即可出锅。

蒜蓉粉丝烤大虾

烹饪时间：20 分钟（不含腌制时间）

热量：895 千卡

热量星级：★★★☆☆

适合做便当

用料

鲜虾	500克		
粉丝	2把（约100克）		
蒜	1头（约50克）		
姜末	适量	生抽	2汤匙
料酒	1汤匙	红彩椒	半个
盐	1茶匙	白糖	1茶匙
胡椒粉	1茶匙		
葱末、香菜碎		各少许	
油		1汤匙	

Tips

❶ 如果喜欢口感嫩一点的，烤15分钟，喜欢焦一点的，烤20分钟。

❷ 虾的营养丰富，且肉质松软、易消化，对身体虚弱以及病后需要调养的人是极好的食物。

做法

1 鲜虾洗净，开背去虾线。红彩椒洗净、切碎。蒜去皮，剁成蒜蓉。

2 把姜末、生抽，料酒，盐、白糖、胡椒粉放入虾里面，腌制30分钟以上。

3 粉丝用温水泡开。

4 把泡好的粉丝放在烤盘底部，上面铺上大虾。

5 在腌制虾的调料中加入蒜蓉、红彩椒碎和葱末，加入一点点油，均匀淋在大虾上面。

6 把虾放入预热好的烤箱里，200℃烤15～20分钟，出炉撒上香菜碎装饰，开吃。

西蓝花炒虾仁

烹饪时间：15 分钟（不含腌制时间）
热量：279 千卡
热量星级：★★☆☆☆

营养均衡　防癌抗癌

用料

鲜虾仁	200克
西蓝花	半个（约200克）
胡萝卜	半个（约100克）
葱末、蒜末	各5克
盐	1茶匙
淀粉	少许
水淀粉	适量
料酒	1茶匙
油	适量

Tips

❶ 西蓝花和胡萝卜焯水时间不宜过长，以免破坏爽脆的口感。炒虾仁要大火爆炒，口感更佳。

❷ 挑选西蓝花时，手感越重的质量越好。也要避免其花球过硬，这样的西蓝花比较老。

做法

1 大虾去头、去壳、去虾线，放料酒、少许盐和淀粉抓匀，腌制10分钟。

2 西蓝花洗净、切块，放入沸水锅中汆熟，大概1分钟。

3 胡萝卜洗净，切块，放入沸水锅中汆熟，大概1分钟。

4 锅中放油，放入葱末、蒜末爆香。

5 放入虾仁炒至变色。

6 加入西蓝花和胡萝卜翻炒均匀，加盐调味。

7 最后放入水淀粉勾芡即可。

香菇蒸虾盏

烹饪时间：25 分钟
热量：501 千卡
热量星级：★★★☆☆
适合做便当

用料

鲜香菇	7朵（约140克）
鲜虾	500克
盐	1茶匙
白胡椒粉	1克
葱末	5克

Tips

❶ 虾仁切得碎一点，比较好入味。香菇跟虾的结合绝对称得上完美，烹饪的方法也最大限度保留了食物的营养。

❷ 这道菜做法简单，保留了食物本身的鲜味，颜值也很高，非常适合作为宴客菜。

做法

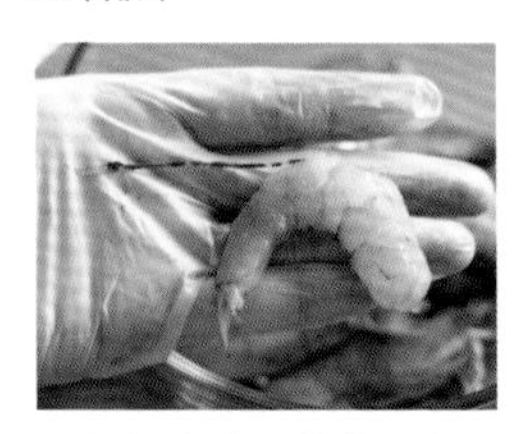
1 鲜虾去头、去壳、去虾线，洗净。

2 香菇去蒂、洗净，控水备用。

3 虾仁切碎末，放入盐和白胡椒，腌制10分钟。

4 把虾仁酿入香菇里。

5 放入锅中蒸15分钟，最后撒上葱末即可。

丝瓜焗蛤蜊

烹饪时间：25 分钟（不含浸泡时间）
热量：222 千卡
热量星级：★☆☆☆☆

用料

丝瓜	1根（约250克）
蛤蜊	250克
红椒	半个
葱末、姜末、蒜末	各5克
橄榄油	2汤匙
盐	1茶匙
蚝油	1汤匙
香菜碎	少许

Tips

❶ 挑丝瓜的时候，要挑选按起来硬实的，如果软软的，说明已经糠心了。蛤蜊最好下午买，这时已经吐了一天的沙子，相对干净一些。

❷ 用锡纸包裹食材烤制，可以防止汁水流得到处都是，而且能够封住汁水，使食材的味道更鲜美、更浓郁。

做法

1 蛤蜊放在淡盐水中泡30分钟以上，吐干净沙子。

2 丝瓜洗净、切滚刀块；红椒洗净、去子，切块备用。

3 将蛤蜊、丝瓜、红椒、葱末、姜末、蒜末、蚝油、盐、橄榄油都放进大碗中，搅拌均匀。

4 在烤盘中铺一张锡纸，放入所有材料，收口捏紧。

5 放入烤箱中层，180℃烤20分钟。

6 取出烤盘，打开锡纸，撒上少许香菜碎点缀即可。

Tips

要促使蛤蜊吐沙子，我一般会在盆里放一把不锈钢剪刀，这样沙子就会吐得很干净。

酒蒸蛤蜊

烹饪时间：20 分钟

热量：524 千卡

热量星级：★★★☆☆

用料

蛤蜊	500克	清酒	100毫升
黄油	10克	日式生抽	1茶匙
日式味醂	50毫升	大蒜	5瓣
香葱	少许		

做法

1. 蛤蜊泡在水中，吐干净沙子，控水备用。
2. 大蒜去皮、压扁，香葱洗净、切碎备用。
3. 锅中放入蛤蜊，放入清酒、日式味醂、生抽、黄油、大蒜。
4. 中火煮至蛤蜊开口，撒上葱花即可。

Tips

蟹棒是以鱼糜加工制成的一种高蛋白、低脂肪食品，本身就是熟制的，因此炒制时间不要长，也不要用力翻炒，以免碎烂。

滑蛋蟹柳

烹饪时间： 分钟

热量：386 千卡

热量星级：★★★☆☆

适合做便当

用料

蟹棒	4个（约150克）
鸡蛋	3个（约180克）
盐	2克
黑胡椒碎	少许
橄榄油	适量

做法

1. 蟹棒从冰箱里取出解冻，用手撕成条状。
2. 锅中放橄榄油，放入蟹柳煸炒一下。
3. 鸡蛋打散，直接倒入锅中，小火加热至鸡蛋八成熟。
4. 撒盐调味，盛出到盘子中，最后撒上一点黑胡椒碎即可。

CHAPTER
3
科学减脂
饱腹主食不可少

腊肠炒饭

烹饪时间：20 分钟
热量：874 千卡
热量星级：★★★☆☆
适合做便当

用料

米饭	2人份（约400克）
腊肠	1根（约150克）
综合蔬菜粒	适量
葱花	5克
生抽	1汤匙
油	适量

Tips

用隔夜米饭做炒饭最好，一定要炒散开，炒至颗颗分明。这道炒饭中用到了腊肠，已经带有咸味了，所以只用生抽调味即可，不用再加盐了。

做法

1 腊肠切片。锅中放油，放入葱花爆香。

2 放入综合蔬菜粒，炒匀。

3 加入腊肠片，翻炒至出油。

4 加入米饭，炒匀，炒至颗颗分明。

5 最后加入生抽调味即可。

黄金蛋炒饭

烹饪时间：20 分钟
热量：484 千卡
热量星级：★★★☆☆
适合做便当

用料

米饭	1碗（约200克）
鸡蛋	3个（约180克）
盐	2克
白胡椒粉	2克
小葱	5克
花生油	少许

Tips

❶ 这道黄金蛋炒饭只用了蛋黄来炒，炒出来金黄灿烂，非常好看。

❷ 全程用中火炒制，要勤翻动，以免煳锅。

❸ 炒饭最好用隔夜饭，隔夜饭水分挥发掉了一些，更容易炒出颗颗分明的效果，口感更清爽。

做法

1 将3个鸡蛋磕开，只取蛋黄，不要蛋清。小葱切葱花。

2 平底锅烧热，放少许油，放入米饭用中火炒散，用炒勺边压边打散米饭，炒至颗颗分明。

3 把鸡蛋黄打散，倒入锅中，迅速翻炒，用中火炒匀，放白胡椒粉和盐调味。

4 炒到米饭跟蛋黄混合均匀，有饭粒在锅底蹦即可，出锅撒上一点葱花即可。

藜麦蛋炒饭

烹饪时间：20 分钟

热量：425 千卡

热量星级：★★☆☆☆

适合做便当

用料

用料	用量
藜麦	50克
洋葱、胡萝卜	各100克
鸡蛋	2个（约120克）
葱末、蒜末	各5克
橄榄油	适量
盐	2克
黑胡椒碎	1克

Tips

❶ 可以提前把藜麦浸泡30分钟，那样煮出来的藜麦口感更好！

❷ 用藜麦代替大米做的蛋炒饭也很好吃哦！而且热量更低，更有利于控制体重。

做法

1 藜麦入锅中煮15分钟，捞出控水备用。

2 洋葱去皮、切碎；胡萝卜洗净、切丁；鸡蛋打散备用。

3 锅中倒入橄榄油烧热，放入葱末、蒜末爆香。

4 放入洋葱碎炒香。

5 倒入煮好的藜麦，炒至表面变干。

6 然后淋入鸡蛋液。

7 不停翻炒，至鸡蛋完全裹在藜麦上，炒至全熟。

8 放入胡萝卜丁，加盐和黑胡椒碎调味，最后盛在碗中，撒上少许葱末点缀即可。

鸡胸肉泡菜炒饭

烹饪时间：10 分钟（不含腌制时间）
热量：586 千卡
热量星级：★★★☆☆
适合做便当

用料

米饭	1人份（约200克）		
鸡胸肉	1块（约200克）		
泡菜	80克	生抽	2汤匙
蚝油	1汤匙	料酒	1汤匙
淀粉	1汤匙	盐	1克
油	适量		

Tips

① 泡菜本身带有咸味，生抽和蚝油也有盐分，所以这道炒饭可以少放盐或者不放盐。

② 泡菜经过了发酵，含有乳酸菌，可刺激消化腺分泌消化液，帮助食物的消化吸收，具有开胃健脾的功效。

做法

1 鸡胸肉洗净，切片备用。

2 鸡胸肉用料酒、蚝油、淀粉腌制15分钟。

3 起锅烧油，放入鸡胸肉炒至变色。

4 放入泡菜，继续翻炒均匀。

5 倒入米饭翻炒均匀，加入生抽炒匀。

6 最后放入一点盐调味即可。

巴沙鱼盖饭

烹饪时间：15 分钟（不含腌制时间）
热量：554 千卡
热量星级：★★★☆☆
适合做便当

用料

米饭	1人份（约200克）		
巴沙鱼	1条（约200克）		
姜丝、葱末、蒜末	各5克		
料酒	3汤匙	生抽	2汤匙
蚝油	1汤匙	蜂蜜	1汤匙
香醋	1汤匙	白胡椒粉	少许
熟白芝麻	少许	油	适量

Tips

1. 巴沙鱼比较容易熟，一面煎至金黄色再翻面，不要勤翻动，否则容易碎掉。每面用中火煎2分钟左右即可。
2. 这款巴沙鱼盖饭的风味比较偏日系口味，用这种方法还可以做鳗鱼盖饭、三文鱼盖饭。

做法

1 巴沙鱼切大块，加入姜丝、胡椒粉和1汤匙料酒腌制20分钟。

2 将生抽、蚝油、蜂蜜、香醋和2汤匙料酒放入碗中，调匀成酱汁。

3 锅中放油，放入葱末、蒜末爆香。

4 放入巴沙鱼煎熟。

5 倒入酱汁和小半碗水，小火收至汤汁浓稠。

6 大碗中盛上米饭，把巴沙鱼盖在上面，最后撒上熟白芝麻点缀即可。

私房肉臊盖饭

烹饪时间：20 分钟
热量：848 千卡
热量星级：★★★☆☆
适合做便当

用料

米饭	1人份（约200克）		
猪肉	100克		
洋葱	半个（约100克）		
鸡蛋	1个（约60克）		
生抽	2汤匙	老抽	1汤匙
白糖	1汤匙	料酒	1汤匙
葱花	少许	油	适量

Tips

这道肉臊盖饭既有肉和蛋，也有蔬菜，营养很全面，而且配菜的制作时间正好跟米饭蒸出来的时间差不多，轻轻松松就可以解决一餐！

做法

1 洋葱去皮、切碎；猪肉切碎备用。

2 锅中烧水，煮1个鸡蛋备用。

3 炒锅中放油，放入洋葱碎爆香。

4 放入肉碎翻炒至变色。

5 加入生抽、老抽、白糖、料酒，再添入适量清水。

6 煮到汤汁黏稠，盛出。

7 把煮好的肉臊盖在米饭上，放上切开的煮鸡蛋，撒上少许葱花点缀即可。

日式碎鸡肉盖饭

烹饪时间：20 分钟（不含腌制时间）

热量：658 千卡

热量星级：★☆☆☆☆

适合做便当

用料

鸡腿	1个（约200克）
米饭	1人份（约200克）
煎蛋	1个（约60克）
料酒	1汤匙
生抽	1汤匙
蚝油	1汤匙
葱末、蒜末	各5克
油	适量

Tips

先把米饭蒸上，再来炒鸡肉，基本上能跟米饭同时完成，可以快速搞定一餐。还可以再切1/4棵西蓝花，焯烫熟，搭配鸡肉饭一起吃，营养更加均衡全面。

做法

1 鸡腿洗净、去骨，切小块备用。

2 鸡腿肉加入料酒、生抽和蚝油腌制20分钟。

3 锅中放油，放入葱末、蒜末爆香。

4 放入碎鸡肉，炒至变色。

5 最后把炒好的鸡肉盛在米饭上。

6 摆上1个煎蛋，撒上少许葱末点缀即可。

照烧鸡腿饭

烹饪时间：20 分钟
热量：874 千卡
热量星级：★★★☆☆
适合做便当

用料

米饭	200克		
鸡腿	2只（约400克）		
料酒	60毫升	生抽	30毫升
白糖	10克	面粉	少许
油	少许	葱段	3段
熟白芝麻	少许		

Tips

① 这道鸡腿饭做法简单又好吃。调料汁比例：

料酒：生抽：白糖=6：3：1

搭配其他肉类，如肥牛等也可以。

② 鸡皮在煎制过程中会出油，所以这道菜的油要少放，以免过于油腻。

做法

1 鸡腿洗净、去骨，撒上面粉备用。

2 锅中放少许油，放入鸡腿，鸡皮朝下，用中火煎至呈金黄色。

3 将鸡腿两面都煎成金黄色，放入葱段、料酒、生抽和白糖。

4 调小火慢慢收汁，等汤汁收黏稠即可。

5 把鸡腿取出，切成条状备用。

6 盘中放好米饭，摆上鸡腿，将锅里的汤汁淋在上面，撒上熟白芝麻点缀即可。

咖喱鸡肉饭

烹饪时间：30 分钟（不含腌制时间）
热量：818 千卡
热量星级：★★★☆☆
适合做便当

用料

米饭	200克		
鸡琵琶腿	2个（约300克）		
洋葱	半个（约50克）		
土豆	半个（约50克）		
胡萝卜	半根（约50克）		
牛奶	半袋（约125毫升）		
咖喱块	1块	盐	1克
料酒	1汤匙	熟白芝麻	少许
油	适量		

Tips

也可以用椰浆代替牛奶，煮出来更有东南亚的风情。咖喱容易煳锅，熬煮时要不时地翻动。

做法

1 鸡琵琶腿洗净、去骨，切块，用料酒腌制30分钟。

2 胡萝卜洗净、切块；洋葱去皮、切块；土豆洗净、去皮，切滚刀块。

3 锅中放油，放入鸡肉炒至变色。

4 加入洋葱，把洋葱炒软。

5 放入胡萝卜和土豆、咖喱块，炒匀。

6 倒入牛奶和适量清水，开中大火煮开，转小火，加盖开始炖。

7 炖15-20分钟至汤汁黏稠，加盐调味，然后出锅，与米饭一起摆盘，撒少许熟白芝麻点缀即可。

咖喱土豆鸡肉焖饭

促进代谢 健康烹饪

烹饪时间：50 分钟
热量：933 千卡
热量星级：★★★☆☆
适合做便当

用料

鸡腿	1个（约200克）
土豆	1个（约150克）
大米	150克
咖喱	1块
盐	2克
生抽	10毫升
油	10毫升

Tips

正常蒸米饭，米和水的比例是1：1.2。而由于我们加入了其他食材，也会出一部分汤汁，所以水的量与米的量一样就可以了。

做法

1 土豆洗净、去皮，切小块；鸡腿洗净、去骨，切小块。

2 炒锅放油，放入鸡块翻炒至变色。

3 放入土豆，继续翻炒至土豆变色。

4 加入咖喱和生抽，炒至咖喱与食材完全融合，加盐调味，关火备用。

5 大米淘洗净，放入电饭锅内胆中，加入150毫升水，把炒好的咖喱土豆鸡块放在大米上面。

6 盖上盖子，开启标准煮模式，40分钟后，一锅香喷喷的咖喱土豆鸡块焖饭就做好了。

香菇南瓜鸡肉焖饭

烹饪时间：45 分钟（不含腌制时间）

热量：616 千卡

热量星级：★★★☆☆

适合做便当

用料

大米	200克		
鸡腿	1个（约200克）		
南瓜	100克	鲜香菇	50克
洋葱	50克	料酒	1汤匙
生抽	1汤匙	蚝油	1汤匙
盐	3克	葱末、蒜末	各5克
油	适量		

Tips

煮好的米饭粒粒分明，南瓜鸡肉的味道都浸入到米粒里面了，吃的时候我们可以把锅直接端到餐桌上，保温还方便！

做法

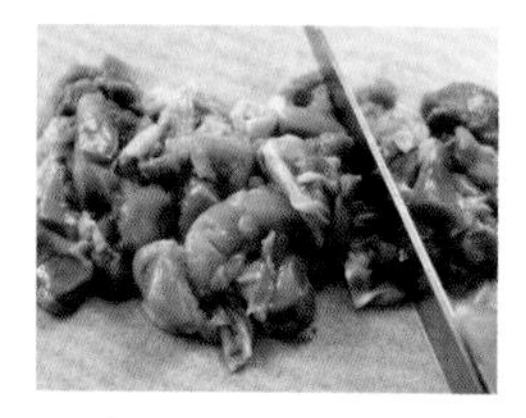

1 鸡腿洗净，去骨、切块。

2 鸡肉中放入盐和料酒腌制20分钟。

3 南瓜去皮、去瓤，切块；洋葱去皮，切块；香菇洗净，切块备用。

4 炒锅加热，倒入适量油，放入葱末、蒜末和洋葱爆香。

5 加入鸡肉炒至变色。

6 放入南瓜、香菇，加生抽、蚝油调味，翻炒均匀。

7 把大米淘好，然后和200毫升水放到电饭锅内胆里。

8 把炒好的南瓜鸡肉放在大米上面。选择“标准煮饭模式”，40分钟就可以了。

减脂南瓜焖饭

烹饪时间：70 分钟
热量：565 千卡
热量星级：★★★☆☆
适合做便当

用料

南瓜	200克
大米	150克
玉米油	1茶匙

Tips

这个南瓜米饭要比正常焖米饭制作的时间长一点，隔水炖最好，如果用电饭锅做就用精煮功能，做出来的米饭里面夹杂着南瓜的味道，特别好吃！

做法

1 南瓜去皮、去瓤，切小丁备用。

2 大米淘洗三遍。

3 把切好的南瓜丁放到大米里面，加入150毫升水。

4 加一点玉米油，混合充分。

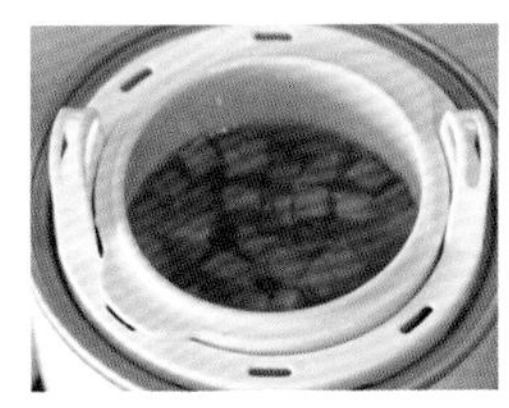

5 放入蒸锅中，隔水蒸1小时即可（或电饭锅中焖40分钟）。

茄子焖饭

烹饪时间：50 分钟

热量：296 千卡

热量星级：★★☆☆☆

适合做便当

用料

大米	200克		
茄子	1个（约200克）		
生抽	1汤匙	老抽	1茶匙
盐	2克	白糖	10克
油	适量	葱末、蒜末	各5克

Tips

❶ 茄子吃油，因此油要稍微多放一点。

❷ 老抽是上色用的，别放多了，一点儿就够。

❸ 等茄子饭做好，用饭勺搅拌一下，然后再加盖子闷一会儿，口感更佳。

做法

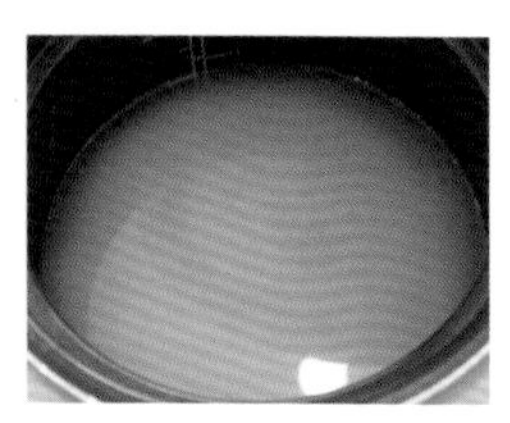

1 大米和水按照1：1的比例放在电饭锅中，先浸泡一下，这个时间正好做茄子。

2 把茄子洗净、去蒂，对半切开，然后切片备用。

3 锅中多放点油烧热，放入茄子炒软，炒至有油渗出来。

4 然后放入葱蒜末炒香，放入白糖和盐翻炒匀。

5 倒入生抽和一点老抽，炒匀。

6 把炒好的茄子放入电饭锅中，启动正常焖饭功能即可。

日式海鲜菇焖饭

烹饪时间：30 分钟（不含浸泡时间）
热量：244 千卡
热量星级：★★☆☆☆
适合做便当

用料

大米	150克
海鲜菇	1把（约200克）
橄榄油	1汤匙
黑胡椒碎	1茶匙
海盐	2克

Tips

1. 我喜欢用日式砂锅来做大米饭，味道很赞！不过要注意火候，开始用中火，待有蒸汽冒出后，改小火慢煲，不要火急而导致煳锅了。
2. 大米最好提前浸泡30分钟再拿来焖饭，口感会更好。
3. 蘑菇的营养丰富，热量却很低，是很好的减脂食品。

做法

1 大米淘洗净，放入砂煲中，按照大米和水1：1.5的比例注入清水，提前浸泡30分钟。

2 炒锅中放橄榄油，放入洗净、切好的海鲜菇，炒至金黄色。

3 加入黑胡椒碎、海盐调味。

4 把炒好的海鲜菇放入大米里面，开中火，加盖，开始煮饭。

5 大概8分钟有蒸汽冒出，改成小火再煮8分钟，关火，最后闷10分钟，就可以开吃了！

金枪鱼饭团

烹饪时间：35 分钟
热量：292 千卡
热量星级：★★☆☆☆
适合做便当

用料

大米	150克
金枪鱼罐头	1罐（约180克）
日式香松拌饭料	适量
沙拉酱	15克
油	少许

Tips

❶ 做饭团的时候可以用模具，也可以戴上一次性手套，用手直接揉成饭团。

❷ 这款金枪鱼饭团也可以用剩饭来做，超级好吃。还能解决剩饭，一举多得！

做法

1 大米放入锅中，加适量水，加一点儿油，煮30分钟至熟。

2 将米饭放在大碗中打散，凉凉。

3 放入一罐金枪鱼罐头。

4 放入香松拌饭料和沙拉酱，拌匀备用。

5 模具内壁抹少许油；把一定量的米饭放在模具中压实，取出即可。

圆白菜火腿炒面

烹饪时间：20 分钟
热量：476 千卡
热量星级：★★☆☆☆

用料

挂面	100克
圆白菜	1/4个(约250克)
火腿肠	1根(约50克)
葱末、蒜末	各5克
盐	2克
生抽	1汤匙
油	适量

Tips

❶ 面条煮好后要放在凉水中投凉，将多余的淀粉洗掉，这样炒制的时候就不容易粘连了，口感也更清爽。

❷ 炒面很适合忙碌的上班族，一锅有菜、有肉、有面，绝对吃得饱、吃得好，还吃得健康又营养！

做法

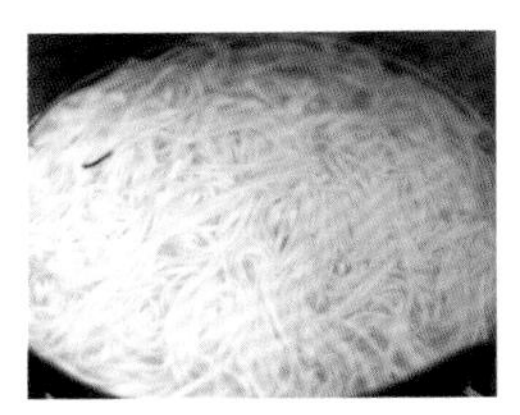

1 面条入沸水锅中煮熟，捞出过一下凉水，控水备用。

2 圆白菜洗净、切块；火腿肠切片备用。

3 锅中放油，放入葱末、蒜末爆香，放入圆白菜炒软。

4 放入火腿肠翻炒均匀。

5 将煮好的面条倒入锅中，翻炒均匀。

6 最后加盐和生抽调味即可。

火腿鸡蛋炒方便面

烹饪时间：20 分钟

热量：830 千卡

热量星级：★★★☆☆

用料

方便面	1包（约125克）		
鸡蛋	1个（约50克）		
火腿肠	1个（约50克）		
洋葱	1/4个（约100克）		
生抽	1汤匙	盐	1克
黑胡椒碎	1克	油	适量

Tips

❶ 方便面煮到八成熟即可，不用煮太熟，否则后面炒出来的面口感就太软烂了。

❷ 烹饪方便面时，弃掉没有营养的蔬菜包，换成新鲜的鸡蛋和时令蔬菜；再弃掉调味包，改为自己调味，减少油和盐的摄入。这样方便面也能吃得健康而营养！

做法

1 锅中烧开水，放入方便面煮熟，捞出控水备用。

2 洋葱去皮、切丝；火腿肠切片；鸡蛋打成蛋液。

3 锅中放油烧热，倒入蛋液炒至定形，盛出备用。

4 锅中留底油，放入洋葱丝、火腿肠翻炒均匀，加黑胡椒碎炒香。

5 放入煮好的方便面和炒好的鸡蛋，翻炒均匀。

6 淋入生抽，加盐调味即可。

好学易做

番茄打卤面

烹饪时间：20 分钟
热量：498 千卡
热量星级：★★★☆☆

用料

面条	100克
鸡蛋	2个（约120克）
番茄	1个（约200克）
盐	1茶匙
鸡精	少许
葱末、蒜末	各5克
白糖、生抽	各1茶匙
油	适量

Tips

❶ 卤的咸度要比平时稍微咸一点儿，跟面条混合的时候才刚刚好。

❷ 煮好的面条过一下凉水，口感才更加爽滑。

做法

1 水烧开，放入面条煮熟。番茄洗净，切块。

2 煮好的面条过凉水，捞出控干，放在大碗中备用。

3 锅中放油，倒入打散的鸡蛋液，炒散，盛出备用。

4 锅中留底油，放入葱末、蒜末爆香。

5 然后放入番茄，小火炒出汤汁。

6 倒入鸡蛋，混合均匀。

7 最后放入盐、白糖、鸡精、生抽调味，淋在面条上即可。

荷包蛋焖面

烹饪时间：20 分钟
热量：605 千卡
热量星级：★★★☆☆

用料

鸡蛋	2个（约120克）		
挂面	100克		
小米椒	3个（约15克）		
蒜末	3瓣	生抽	2汤匙
蚝油	1汤匙	老抽	1汤匙
料酒	1汤匙	白糖	1汤匙
陈醋	1汤匙	油	适量

Tips

我用的是细挂面，煮面的时候用小火慢煮，很容易煮熟。这款荷包蛋焖面很适合作为快手早餐，能为你提供充足的热量。还可以在煮面的时候放一点儿青菜进去，比如小油菜、叶生菜等，营养就更全面了。

做法

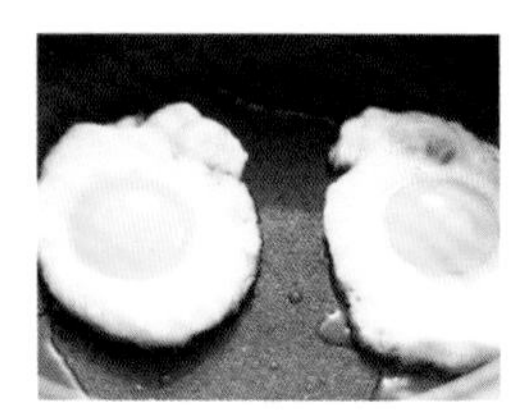
1 锅中放油，打入鸡蛋，一面煎定形再翻另一面。

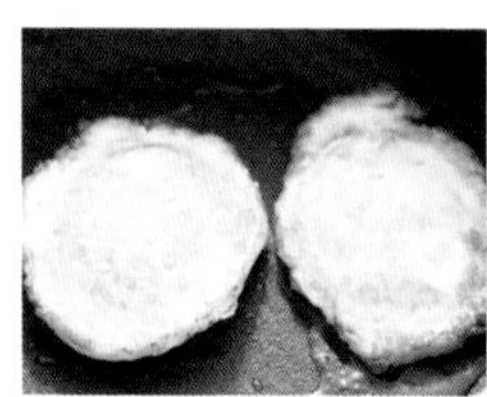
2 待荷包蛋两面都煎成金黄色，盛出。将两个荷包蛋煎好。

3 锅中留底油，放入切碎的小米椒和蒜末爆香。

4 将生抽、老抽、料酒、蚝油、陈醋和白糖事先调成调料汁，倒入锅中。

5 倒入2碗清水，大约500毫升。

6 放入2个荷包蛋，调中小火煮开。

7 然后放入挂面，煮熟。

8 煮至汤汁基本收干、面条全熟即可。

榨菜肉丝面

烹饪时间：20 分钟

热量：792 千卡

热量星级：★★★☆☆

用料

挂面	100克
猪肉	100克
榨菜	20克
生抽	3汤匙
香油	1汤匙
料酒	1汤匙
盐	少许
淀粉	1汤匙
油	适量
葱花	5克

Tips

❶ 煮好的面条可以在凉水中投一下，口感更爽滑。

❷ 肉丝要大火快炒才会嫩。

做法

1 猪肉切丝，用盐、料酒、淀粉抓匀，腌制5分钟。

2 大碗中放入葱花、香油和生抽，倒入适量开水，调成调味汤。

3 锅中烧开水，放入面条煮熟，捞入装有调味汤的大碗中。

4 锅中放油烧热，放入肉丝炒至变色。

5 然后放入榨菜，翻炒均匀。

6 把炒好的肉丝榨菜放在面条上面即可。

宜宾燃面

烹饪时间：20 分钟

热量：837 千卡

热量星级：★★★☆☆

用料

面条	100克	菜籽油	50毫升
辣椒粉	5克	八角	1个
香叶	3片	桂皮	1块
花椒	1小把	姜片	3片
葱段	3段	碎米芽菜	15克
酱油	8毫升	花生碎	15克
葱花	8克		

Tips

❶ 煮面时，可以在出锅前加一把豆苗或者青菜，能增加色彩和营养。

❷ 捞面条时注意别把面汤一起带入碗里，要保持面条尽可能干一点。面条与调味油尽量拌匀，以免粘连。

做法

1 制作拌面油：锅中倒入菜籽油，中小火烧热，放入八角、香叶、桂皮、花椒、姜片和葱段，中小火炸约5分钟，炸至葱段变软、变色，捞弃调料，拌面油就做好了。

2 制作辣椒油：拌面油加热到八成热（微微有烟冒出），舀出一半（约25毫升）倒在辣椒粉中，做成辣椒油。

3 再舀出1汤匙拌面油备用，剩下的拌面油留在锅里，放入碎米芽菜，翻炒至松散。

4 制作拌面料：在舀出的拌面油中，加入碎米芽菜、花生碎、酱油，淋上1茶匙辣椒油，撒上葱花，拌面料做好了。

5 最后把面煮好，捞出沥干，装入大碗中，淋上拌面料，拌匀即可。

凉拌面

烹饪时间：20 分钟
热量：701 千卡
热量星级：★★★☆☆

用料

面条	1人份（约200克）		
葱末	1汤匙	蒜末	1汤匙
芝麻	1茶匙	辣椒粉	1茶匙
胡椒粉	1克	生抽	15毫升
蚝油	20毫升	醋	15毫升
盐	1克	白糖	1汤匙
油	适量	黄瓜丝	适量

Tips

① 天热的时候不愿意开锅炒菜，那么这款清清爽爽的凉拌面就特别适合了！只要调料汁搭配好了，成功率百分之百！

② 搭配的菜码可以随心所欲，除了黄瓜，还可以用心里美萝卜切丝、焯一点绿豆芽或者木耳，怎么高兴怎么来！

做法

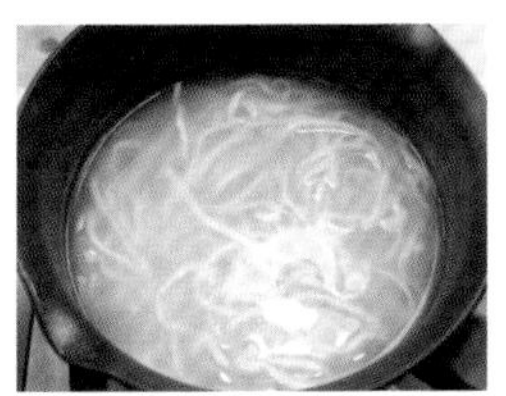

1 将面条放入开水锅中煮熟，捞出过凉水，沥干备用。

2 把葱蒜末、芝麻、辣椒粉和胡椒粉放入大碗中。

3 锅中烧热油，淋在调料上面，激发出香气。

4 然后加入生抽、蚝油、醋、盐和白糖，搅拌均匀成调料汁。

5 大碗中捞入面条，把调料汁淋在上面，搅拌均匀。

6 最后撒上黄瓜丝即可。

东北烤冷面

烹饪时间：20 分钟

热量：960 千卡

热量星级：★★★☆☆

适合做便当

用料

冷面皮	2片（约200克）		
鸡蛋	2个（约100克）		
火腿肠	2根（约100克）		
烤冷面辣酱	适量		
洋葱	15克	香菜碎	少许
芝麻	少许	油	少许

Tips

❶ 这是一道在东北地区特别接地气的小吃！烤冷面可以直接在淘宝上买。各种肉和蔬菜都可以夹在里面，随你喜欢！

❷ 东北烤冷面皮的主料是荞麦面粉，荞麦面中的微量元素比一般谷物丰富，而且含有丰富的膳食纤维，适量食用不容易长胖。

做法

1 鸡蛋打散；洋葱去皮、切碎。

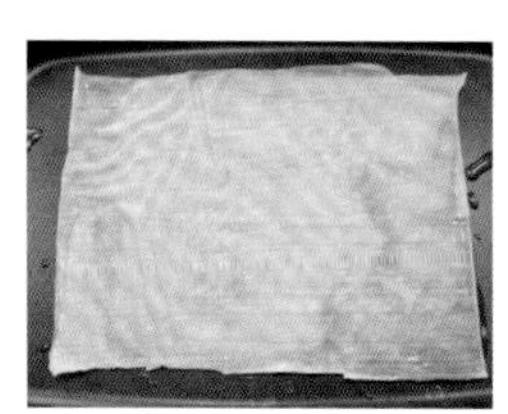

2 锅中用油刷刷上少许油，调中火，然后放上一片烤冷面皮，两面煎一下。

3 把打散的鸡蛋涂抹在面皮上，涂匀；火腿肠切开，加热一下。

4 在烤冷面皮上刷上辣酱。

5 撒上洋葱碎和芝麻。

6 然后把火腿肠夹在里面，卷起来，撒上香菜碎点缀即可。

牛肉青椒意面

烹饪时间：20 分钟

热量：565 千卡

热量星级：★★★☆☆

用料

牛肉	100克	青椒	50克
意面	100克	生抽	1汤匙
蚝油	1汤匙	盐	2克
淀粉	1汤匙	蒜末	5克
油	适量		

Tips

❶ 煮意面的时候可以放一点儿油和盐，这样煮出来的意面筋道不黏，口感更好。

❷ 牛肉和青椒是绝配，青椒可以去除肉的腥味，而牛肉又可以令青椒吃起来味道不那么单调。再搭配意面，有肉有菜有主食，轻松解决一餐！

做法

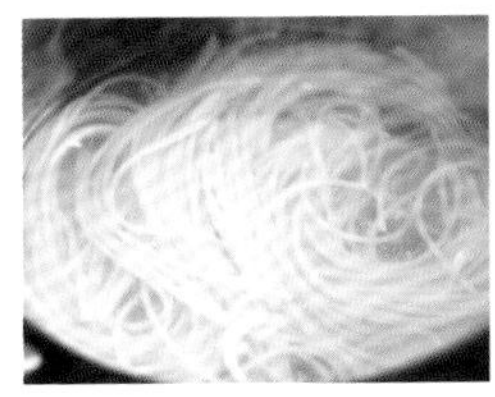

1 意面入加了少许油和盐的沸水锅中煮10分钟，捞出过凉水，控水备用。

2 牛肉洗净、切条，用生抽、蚝油和淀粉抓匀，腌制10分钟。

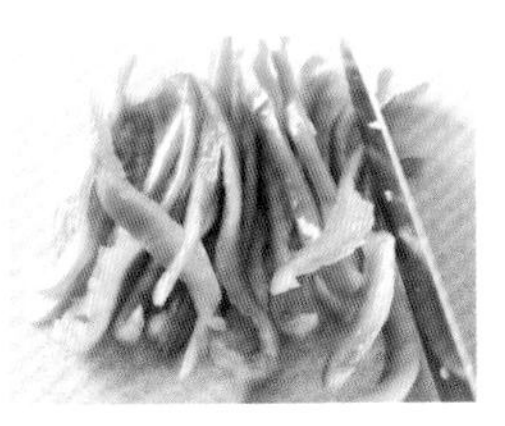

3 青椒洗净、去子，切丝备用。

4 锅中放油烧热，放入蒜末爆香。

5 然后放入牛肉炒至变色。

6 加入青椒和意面，混合翻炒均匀。

7 最后放少许盐调味即可。

双菇意面

烹饪时间：20 分钟

热量：421 千卡

热量星级：★★☆☆☆

用料

意面	100克
蟹味菇	100克
海鲜菇	100克
黑胡椒碎	1克
盐	2克
橄榄油	20毫升
蒜末	5克

Tips

蟹味菇菌柄比较短，味道比平菇鲜，肉比滑菇厚，质比香菇韧，口感极佳，还有独特的蟹香味。海鲜菇的柄比较长，质地脆嫩，口感细腻。这两种菇在一起，能鲜掉眉毛！

做法

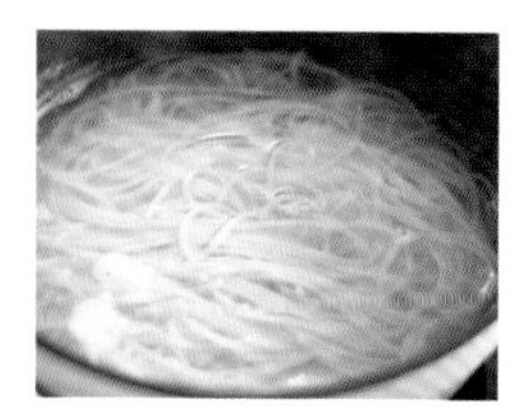

1 意面入加了少许油和盐的沸水锅中煮10分钟，煮熟后捞出过凉水，控水备用。

2 蘑菇用清水冲洗净，去根部，切段备用。

3 锅中放入橄榄油，放入蒜末爆香。

4 然后放入蘑菇，炒出水分，撒上黑胡椒碎，炒熟。

5 放入煮好的意面，翻炒均匀。

6 最后放入盐调味即可。

番茄意面

烹饪时间：20 分钟

热量：398 千卡

热量星级：★★☆☆☆

用料

意面	1人份（约100克）
番茄	1个（约200克）
橄榄油	15毫升
鲜鸡汁	3毫升
番茄沙司	15克
盐	2克

Tips

① 意大利面的口感比普通的面条略硬，如果你喜欢软一点儿的，可以在包装推荐的煮制时间的基础上多煮一两分钟。

② 番茄富含番茄红素，这是一种抗氧化剂，经常食用有抗衰老、美白肌肤的作用。

做法

1 番茄洗净，切丁备用。

2 把意面放入加了少许油和盐的沸水中煮10分钟，捞出，过一下凉水，控水备用。

3 炒锅烧热，倒入橄榄油，放入番茄丁炒出汤汁。

4 加入鸡汁、番茄沙司、盐，翻炒均匀。

5 把煮好的意面加入番茄酱汁中，混合均匀即可出锅。

牛油果意面

烹饪时间：20 分钟

热量：662 千卡

热量星级：★★★☆☆

用料

用料	用量
意大利面	100克
牛油果	1个（约150克）
牛奶	100毫升
橄榄油	20毫升
盐	2克
大蒜	5瓣

Tips

❶ 挑选牛油果时，捏一下有点软的就刚刚好。去皮时，可以用一个不锈钢勺子贴着果皮，把果肉直接挖出来即可。

❷ 不同的意面煮制时间不同，要参考包装上推荐的煮制时间。也可以在煮的过程中挑出一根咬断，没有白色的硬心就说明煮好了。

做法

1 牛油果切开，去核、去皮，压成果泥；大蒜去皮，切片备用。

2 锅中烧开水，加少许油和盐，放入意面，煮10分钟，捞出过凉。

3 炒锅中放橄榄油，放入蒜片爆香。

4 然后放入牛油果和牛奶炒匀。

5 放入煮好的意面，炒匀，加盐调味。

6 把意面盛到盘子里，把锅中剩下的牛油果汤汁淋在上面即可。

蒜香烤法棍

烹饪时间：15 分钟

热量：883 千卡

热量星级：★★★☆☆

适合做便当

用料

法棍	1根（约200克）
大蒜	5瓣
黄油	40克
盐	1克
白糖	5克
罗勒叶	适量

Tips

法棍是法国最传统和最有代表性的面包，它的配方很简单，只用面粉、水、盐和酵母四种基本原料，通常不加糖，不加乳粉。这种面包越嚼越香，每一口都充满着小麦的香气。法棍非常适合搭配蒜酱，蒜香带着麦香，想想就让人口水直流。

做法

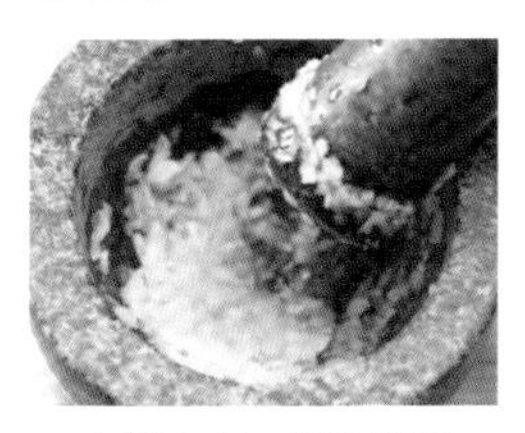

1 大蒜去皮、捣碎备用。

2 法棍切成2厘米左右厚的面包片。

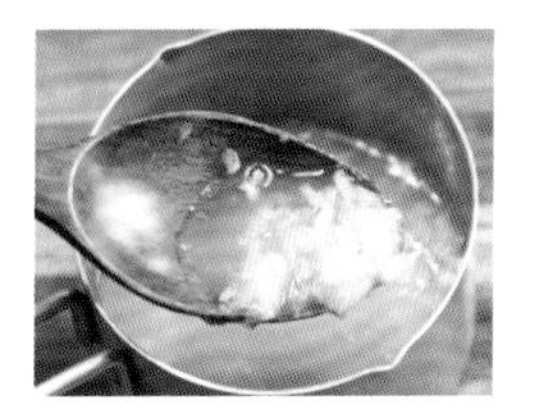

3 黄油融化，加入大蒜、白糖和盐混合均匀。

4 把混合好的黄油均匀涂抹在法棍面包上，再均匀撒上罗勒叶。

5 放入烤箱，180℃烤10分钟即可。

蒜香黑胡椒烤吐司

烹饪时间：30 分钟

热量：596 千卡

热量星级：★★★☆☆

适合做便当

用料

吐司	3片（约150克）
鸡蛋	2个（约120克）
蒜	3瓣
葱	5克
黑胡椒碎	适量
盐	1克

Tips

❶ 如果喜欢外酥里嫩的口感，可以延长吐司浸入鸡蛋液的时间，让吐司面包充分吸收蛋液。

❷ 吐司不要切得太细，否则容易烤焦。

做法

1 吐司去边、切条备用。

2 葱切碎，蒜切碎备用。

3 鸡蛋液打散，加入葱末、蒜末、盐和黑胡椒碎搅拌均匀。

4 把吐司条裹上鸡蛋液，裹匀。

5 烤盘放上油纸，把吐司条放在上面，放入烤箱，160℃烤20～25分钟，至金黄色。

6 取出吐司条，撒上少许葱花点缀即可。

滑蛋牛油果吐司

烹饪时间：15 分钟
热量：737 千卡
热量星级：★★★☆☆
适合做便当

用料

吐司	2片（约100克）		
鸡蛋	2个（约120克）		
牛油果	1个（约150克）		
牛奶	50毫升	橄榄油	适量
海盐	1克	黑胡椒碎	1克

Tips

❶ 鸡蛋不要炒到全熟，七八成熟即可，余温还会让鸡蛋再熟一点儿，吃的时候就刚刚好了。

❷ 牛油果果肉含糖低，糖尿病患者都可以吃。而且含有不饱和脂肪酸，可以降低胆固醇。再搭配一杯燕麦牛奶，就是一顿完美的早餐！

做法

1 吐司片放在多士炉或烤箱中烘烤至表面金黄。牛油果去皮、去核，切片。

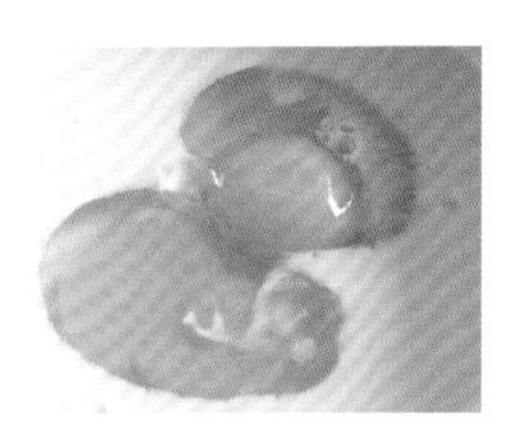

2 鸡蛋磕入碗中，倒入牛奶，打散备用。

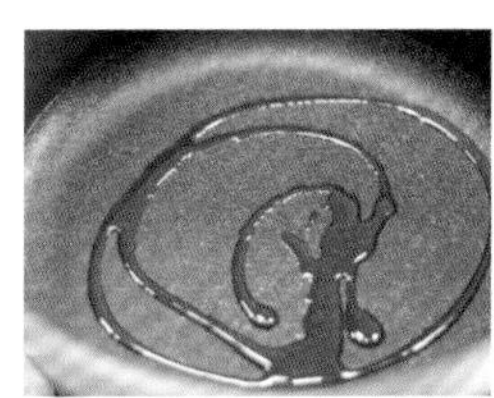

3 用中小火加热炒锅，倒入橄榄油。

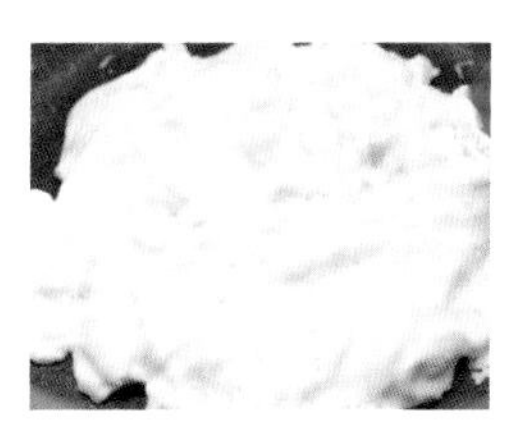

4 倒入鸡蛋牛奶液，炒至七八成熟，至表面凝固。

5 把炒好的鸡蛋放在吐司上面。

6 把牛油果片摆在鸡蛋上面。

7 最后撒上黑胡椒碎和海盐即可。

鸡蛋三明治

烹饪时间：20 分钟
热量：524 千卡
热量星级：★★★☆☆
适合做便当

用料

鸡蛋	2个（约120克）
面包片	2片（约100克）
沙拉酱	1汤匙
黑胡椒碎	1克

Tips

这款鸡蛋三明治是我经常吃的一款早餐主食，好吃好做，颜值也高！如果外出当作便当带上也是没问题的。吐司面包可以先用多士炉烤一下，口感更好！

做法

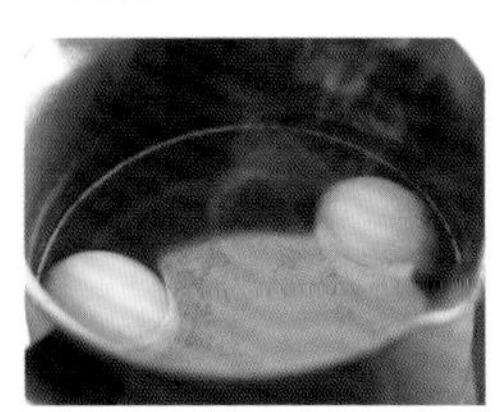

1 鸡蛋冷水下锅，煮10分钟，捞出过凉水备用。

2 鸡蛋去壳，捣碎，加入1汤匙沙拉酱和少许黑胡椒碎，搅拌均匀。

3 取一片吐司面包，把鸡蛋碎放在上面。

4 两片面包夹紧，从中间切开。

5 用纸包住即可。

榨菜肉丝炒饼

烹饪时间：20 分钟
热量：930 千卡
热量星级：★★★☆☆
适合做便当

用料

烙饼	200克	猪肉	100克
榨菜	小半袋	葱末	5克
十三香	1茶匙	生抽	1汤匙
油	适量	盐	2克
料酒	1汤匙	淀粉	1汤匙

Tips

烙饼可以选择千层饼，切成丝来做炒饼。超市里也有卖现成的切好的饼丝，用起来更方便。你还可以在炒饼中加一点圆白菜丝一起炒，营养就更全面啦！

做法

1 大饼切丝备用。

2 猪肉切丝，用料酒和淀粉抓匀，腌制10分钟。

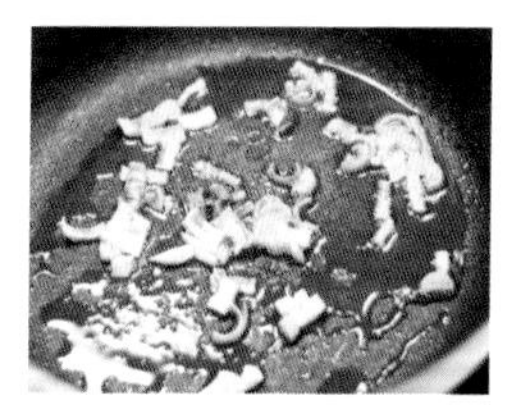

3 锅中放油烧热，放入葱末和十三香爆香。

4 然后放入肉丝炒至变色。

5 放入饼丝、榨菜，翻炒均匀，如果饼丝发干，可以淋入少量清水。

6 最后放盐和生抽调味即可。

快手蔬菜饼

烹饪时间：30 分钟
热量：366 千卡
热量星级：★★☆☆☆
适合做便当

用料

面粉	50克		
鸡蛋	1个（约60克）		
西葫芦	100克	西蓝花	100克
胡萝卜	100克	洋葱	20克
大蒜	5克	盐	2克
黑胡椒碎	1克	油	适量

Tips

❶ 蔬菜本身会出水，所以拌面糊的时候就不用再加水了。

❷ 往锅中舀蔬菜面糊时，不要铺得太厚，否则不容易煎熟。

做法

1 胡萝卜洗净、切丝；西葫芦洗净、切丝；西蓝花洗净。

2 胡萝卜丝和西葫芦丝入沸水锅中焯熟，盛出备用。

3 西蓝花放入沸水锅中焯熟。

4 捞出西蓝花沥干，切碎备用。

5 洋葱去皮、切末；蒜去皮、切末。

6 把西葫芦、胡萝卜、西蓝花、洋葱、蒜末、盐、黑胡椒碎、面粉放入大碗中，磕入鸡蛋，搅拌均匀。

7 锅中放油，舀入蔬菜面糊，小火煎至一面定形。

8 翻面，两面均煎成金黄色即可。

火腿鸡蛋饼

烹饪时间：15 分钟
热量：454 千卡
热量星级：★★☆☆☆
适合做便当

用料

鸡蛋	2个（约120克）
火腿	1根（约50克）
面粉	50克
葱	1段
橄榄油	适量
泰式甜辣酱	适量

Tips

早起时间往往很紧张，一般我会打一杯豆浆或者热一杯牛奶，然后做一个火腿鸡蛋饼，花不了多长时间，还很有营养。我比较喜欢泰式甜辣酱，你也可以搭配番茄酱，随个人的喜好。

做法

1 鸡蛋打散，放入面粉和25毫升水，充分搅拌均匀，混合成面糊。

2 火腿切丁，葱切末备用。

3 把火腿和葱末放入鸡蛋面糊中充分混合。

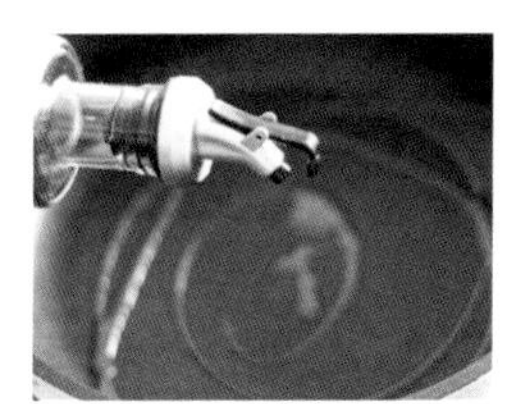

4 锅烧热，倒入橄榄油。

5 倒入火腿鸡蛋面糊，将一面煎至定形。

6 然后翻面，将两面均煎成金黄色。

7 最后盛出切块，淋上一点泰式甜辣酱即可。

玉米鸡蛋早餐饼

烹饪时间：20 分钟
热量：712 千卡
热量星级：★★★☆☆
适合做便当

用料

鸡蛋	2个（约120克）
玉米	1根（约300克）
玉米淀粉	30克
糯米粉	30克
番茄沙司	适量
油	少许

Tips

❶ 玉米粒也可以用甜玉米罐头来代替，更加方便。

❷ 玉米富含矿物质和膳食纤维，可以促进肠胃蠕动，帮助排毒。用玉米代替米面等主食，可以起到很好的减脂效果。

做法

1 将玉米煮熟，剥粒备用。

2 把玉米粒放在大碗中，加入玉米淀粉、糯米粉，打入鸡蛋，混合成糊状。

3 锅里放少许油，倒入玉米糊。

4 加盖，小火焖一下。

5 开盖，翻面，两面都煎至金黄色。

6 取出切开，装盘，淋上番茄沙司即可。

窝窝头

- 烹饪时间：30 分钟（不含发酵时间）
- 热量：893 千卡
- 热量星级：★★★☆☆
- 适合做便当

用料

玉米面	100克
白面粉	150克
酵母	3克

Tips

❶ 温度在35~40℃时最适宜面粉发酵，加盖发酵效果最好，也可以用保鲜膜蒙上。

❷ 这个窝窝头我用的是发面的做法，觉得这样做出来的窝头比较暄软，做法也不难。

做法

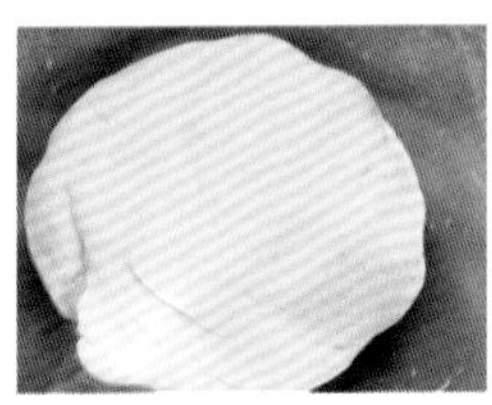

1 用140毫升温水冲开3克酵母；把玉米面和白面粉混合好，倒入酵母水，揉至顺滑，放在温暖处发酵至两倍大小。

2 将面团分割成8份，揉成圆团。

3 用大拇指按入面团中间，做成窝窝头形状。

4 在蒸屉上垫上油纸，做好的窝窝头放入蒸屉里。

5 蒸锅烧开水，蒸20分钟即可。

孜然烤玉米

烹饪时间：35 分钟

热量：960 千卡

热量星级：★★★☆☆

适合做便当

用料

玉米	3根（约900克）
烧烤酱	适量
孜然粉	2克
辣椒粉	2克

做法

1 锅中添水，把玉米（留几层玉米衣）放在锅里煮20分钟，盛出沥干。

2 剥去玉米衣，在玉米上面刷上烧烤酱。

3 烤盘铺油纸，把玉米放在上面，撒上孜然粉和辣椒粉。

4 放入烤箱，200℃烤15分钟，中间取出翻一次面，烤得更均匀。

Tips

玉米放在烤箱里烤一下味道更佳。烤制玉米的时间可以根据自己的口味决定，喜欢吃焦一点儿的就多烤一会儿。

烤南瓜

烹饪时间：25 分钟
热量：69 千卡
热量星级：★☆☆☆☆
适合做便当

用料

南瓜	半个（约300克）
黑胡椒碎	2克
海盐	2克
橄榄油	适量

Tips

❶ 可以选贝贝南瓜，糯糯甜甜的口感好像板栗。南瓜的块要切得大小均匀，这样烤出来的火候也比较均匀。

❷ 对于想减脂的小伙伴，可以试试拿南瓜作为主食来食用，有减脂轻身的效果。

做法

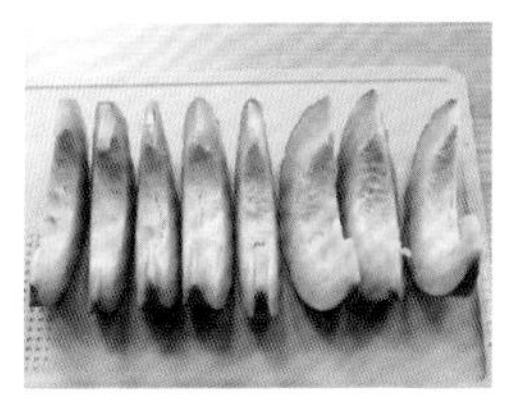

1 南瓜洗净，去子，切块备用。

2 取一个保鲜袋，放入南瓜块，撒上黑胡椒碎、盐，淋入橄榄油。

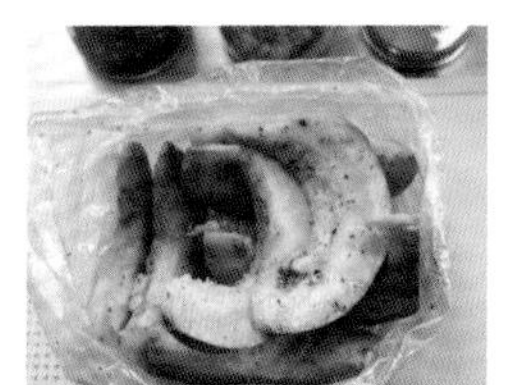

3 封好袋子，摇匀，混合充分。

4 烤盘上放油纸，摆放好南瓜。

5 放入烤箱中层，180℃烤20分钟。

6 烤至表面金黄色，可以轻松用牙签插入即可。

迷迭香烤土豆

烹饪时间：35 分钟

热量：486 千卡

热量星级：★★★☆☆

适合做便当

用料

土豆	3个（约600克）
橄榄油	1汤匙
迷迭香	3根
海盐	3克
黑胡椒碎	适量

做法

1 土豆洗净，去皮，放入炖锅里煮熟，根据土豆的大小，煮20～30分钟，拿牙签插进去感觉不硬就可以了。

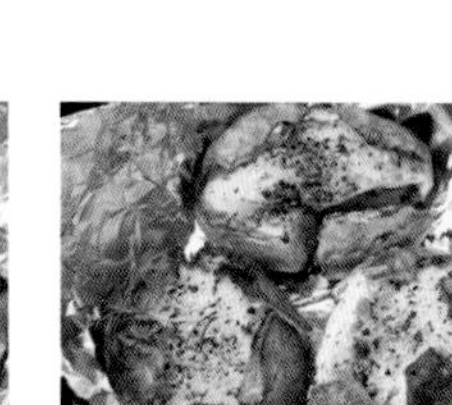

2 土豆摆好，拿一个小盘子压一下（注意别压太扁），然后撒上海盐，淋上橄榄油。

3 再撒上黑胡椒碎，放上迷迭香。

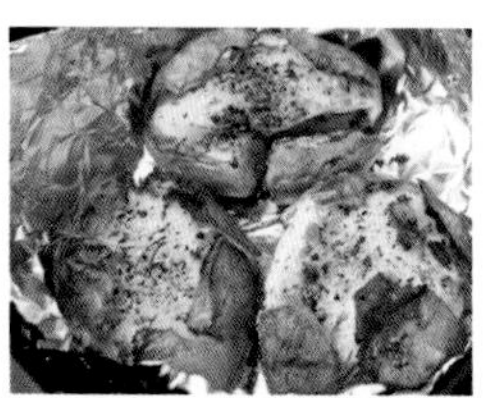

4 放入空气炸锅，180℃烤15分钟即可。

Tips

❶ 也可以用烤箱制作。土豆压一下，压出裂口，更容易烤透，也更容易入味。

❷ 土豆虽然含有淀粉，但土豆中的淀粉属于抗性淀粉，消化吸收比较慢，不容易很快速地升血糖，也不容易使人长胖，是可以代替米面的减脂主食。

CHAPTER 4

小菜小食 轻食生活小点缀

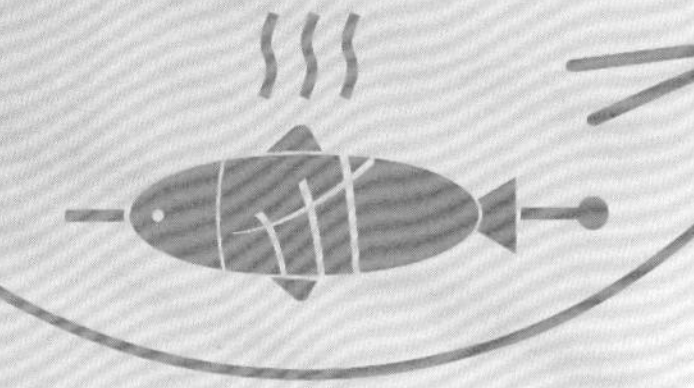

鸡蛋黄瓜凉菜

烹饪时间：20 分钟

热量：327 千卡

热量星级：★★☆☆☆

适合做便当

用料

鸡蛋	3个（约180克）
黄瓜	1根（约300克）
葱末	5克
豆瓣酱	1汤匙
油	少许

Tips

❶ 煎蛋饼的时候要用小火慢慢煎，不要用大火。

❷ 切蛋饼丝和黄瓜丝的案板及刀具一定要使用切熟食专用的，用之前还应该用沸水烫一下进行消毒。养成良好的卫生习惯，才不会“病从口入”。

做法

1 鸡蛋打入碗中，打散备用。

2 锅中放少许油，倒入鸡蛋液，一面煎至定形，再翻面煎，将两面煎至金黄色。

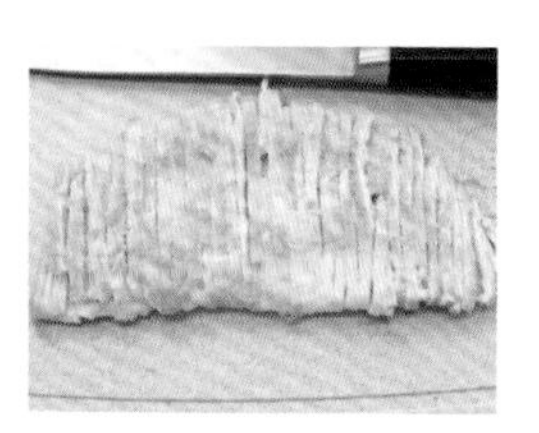

3 盛出鸡蛋饼，把蛋饼对折，切丝备用。

4 黄瓜洗净、切丝。

5 将黄瓜丝与蛋饼丝混合，放葱末和豆瓣酱，拌匀即可。

凉拌黄瓜

烹饪时间：10 分钟
热量：165 千卡
热量星级：★☆☆☆☆
适合做便当

简单快手　低卡食材

用料

黄瓜	2根（约600克）		
葱末、蒜末	各5克	辣椒粉	3克
白芝麻	1茶匙	生抽	2汤匙
陈醋	3汤匙	盐	3克
白糖	1茶匙	油	2汤匙
香菜段、花生米		各少许	

Tips

❶ 这道菜的精髓就在于黄瓜最好用刀拍一下，然后再切块，这样会更加入味。

❷ 黄瓜是公认的减脂食物，热量很低，维生素含量很高，还含有大量的膳食纤维。晚上吃1根黄瓜，除了可以填饱肚子，还能促进肠胃蠕动，帮助身体排出毒素，清理肠道垃圾。

做法

1 碗中放入葱末、蒜末、辣椒粉和白芝麻。

2 将油倒入锅中烧热，淋入调料碗中爆香。

3 加入生抽、陈醋、盐和白糖，搅拌均匀。

4 黄瓜洗净，用刀拍扁、切块备用。

5 把黄瓜、香菜和花生米放在大碗中。

6 放入调制好的调料汁，拌匀即可。

私房腌黄瓜

烹饪时间：20 分钟（不含腌制时间）

热量：334 千卡

热量星级：★★☆☆☆

适合做便当

用料

黄瓜	3根（约900克）		
生抽	60毫升	老抽	15毫升
蚝油	15毫升	白醋	60毫升
白糖	15克	蒜	5瓣
葱	1小根	姜	1小块
小米椒	5个	花椒	1小把
盐	5克	油	适量

Tips

这个私房腌黄瓜是我的最爱，头一天做好腌制一宿，第二天就能吃到爽脆的腌黄瓜了，配粥最赞。不过由于含盐量较高，一次不要吃太多哦！

做法

1 黄瓜洗净，切成小条，放入容器中。

2 撒上盐，腌制30分钟。

3 蒜切片，小米椒切块，姜切片，葱切段，备用。

4 锅中放油烧热，放入葱、姜、蒜、小米椒、花椒炒香，关火备用。

5 把生抽、老抽、蚝油、白糖、白醋调匀，调制成调味汁备用。

6 腌制好的黄瓜除去水分，放在玻璃保鲜盒中，浇上做法4中炒香的调料。

7 再浇上做法5中调好的调味汁，拌匀。

8 盖上盒盖，放在冰箱里过夜，中间取出上下翻一下，让黄瓜腌制得更均匀即可。

凉拌西蓝花

烹饪时间：20 分钟
热量：135 千卡
热量星级：★☆☆☆☆

营养食材 健康烹饪 低盐少油

用料

西蓝花	1棵（约500克）
葱末、蒜末	各5克
小米椒	3个
盐	1克
白糖	5克
生抽	10毫升
蚝油	10毫升
油	适量

Tips

西蓝花是非常健康的食材，用凉拌的料理手法能最大限度地保存营养，还原最真实的味道。西蓝花富含类黄酮，类黄酮能够阻止胆固醇氧化，防止血小板凝结，从而保护心脑血管，减少患心脏病与中风的危险。

做法

1 西蓝花洗净、切小朵，放入开水锅中煮3分钟。

2 煮熟后捞出，放在凉水中过凉。小米椒切碎。

3 把葱末、蒜末、小米椒碎、生抽、蚝油、白糖和盐放在大碗中，浇上烧热的油，调制成调料汁。

4 把西蓝花控水，摆放在盘子中，淋上调料汁即可。

炝拌芹菜

烹饪时间：20 分钟

热量：112 千卡

热量星级：★☆☆☆☆

适合做便当

用料

芹菜	1把（约400克）		
蒜	5瓣	葱	1段
干辣椒	1把	生抽	1汤匙
蚝油	1汤匙	醋	2汤匙
香油	1茶匙	油	适量

Tips

❶ 我选择的是香芹，焯烫的时间不宜太长，捞出后用凉水中投凉，才能保持脆嫩的口感。

❷ 芹菜中的芹菜素可以扩张血管，平稳降压。芹菜中还富含钾，可预防水肿。高血压和水肿患者可常吃这道菜。

做法

1 芹菜洗净，择去叶子，切段。葱洗净、切末；蒜去皮、切末；干辣椒切段。

2 锅中烧开水，放入芹菜汆烫一两分钟，然后放入凉水中，投凉备用。

3 把蒜末、葱末、辣椒段放在碗中；在锅中烧一勺热油，淋在碗中的调料上爆香。

4 加入醋、生抽、蚝油和香油混合均匀。

5 最后把调料汁淋在芹菜上拌匀即可。

果仁菠菜

烹饪时间：20 分钟
热量：527 千卡
热量星级：★★★☆☆

用料

菠菜	1把（约400克）		
花生米	50克	葱末、蒜末	各5克
醋	3汤匙	白糖	1汤匙
生抽	1汤匙	香油	1茶匙
盐	半茶匙		

Tips

❶ 菠菜中含有草酸，草酸会跟体内的钙质结合，形成不溶性的草酸钙，影响人体对钙的吸收。所以菠菜一定要先汆烫一下，通过汆烫能够去除大部分的草酸，就可以放心食用了。

❷ 汆烫菠菜时可以放一点盐，可使菠菜保持翠绿。

做法

1 菠菜洗净，如果菠菜过长，中间可以切一刀。

2 把菠菜放在加了少许盐的沸水中焯烫2分钟左右。

3 把焯好的菠菜放在凉水中降温。

4 菠菜攥出多余水分，放在大碗中。

5 加入花生米、葱末、蒜末，在大碗中拌匀。

6 加入醋、生抽、白糖、盐、香油，拌匀即可。

白菜是可以生吃的，但是一定要洗干净。选择白菜心部分来做这道凉菜，口感最脆嫩，还有一种天然的甘甜味道。新鲜白菜有杀菌消炎的作用，可以缓解咽喉肿痛。

乾隆白菜

烹饪时间：15 分钟

热量：628 千卡

热量星级：★★★☆☆

用料

白菜心	300克	麻酱	3汤匙
蜂蜜	2汤匙	白糖	2汤匙
陈醋	4汤匙	盐	2克

做法

1. 取白菜心的部分，洗净，撕成小块备用。
2. 大碗中加入麻酱、蜂蜜、白糖、陈醋和盐，调成黏稠状。
3. 把酱料淋在白菜上面，拌匀即可。

包浆豆腐是云南特色小吃，如家里没有，也可自己做。将6克盐、8克小苏打及适量水调匀，将400克豆腐切成小块，浸泡在苏打盐水中，入冰箱冷藏6小时，取出后用厨房纸吸干水分就是“包浆豆腐”了！

包浆豆腐

烹饪时间：20 分钟

热量：420 千卡

热量星级：★★☆☆☆

适合做便当

用料

包浆豆腐	1盒（约400克）		
鸡蛋	1个（约60克）		
碎米芽菜	适量	花生碎	适量
烧烤撒料	3克	辣椒粉	1克
葱花	5克	油	适量

做法

1. 包浆豆腐在网上有卖的，如果没有包浆豆腐，看图上小贴士中的制作方法。
2. 平底锅放油烧热，放入豆腐块，两面都煎成金黄色。
3. 把鸡蛋打散，淋在豆腐上，撒上碎米芽菜和花生碎。
4. 再撒上烧烤撒料、辣椒粉和葱花，煎出香味后，整体转移到盘子上即可。

凉拌杏鲍菇

健康烹饪　营养食材　减脂瘦身

烹饪时间：40 分钟

热量：210 千卡

热量星级：★☆☆☆☆

适合做便当

用料

杏鲍菇	500克
蒜	5瓣
大葱	1段
白胡椒粉	1茶匙
辣椒粉	1茶匙
蚝油	1汤匙
生抽	2汤匙
白糖、白芝麻	各1茶匙
油	适量

Tips

判断杏鲍菇是否蒸熟，可以用手撕，能轻松撕成条就是熟了，一定要放凉后再拌入其他调料。

做法

1 杏鲍菇洗净，切片。

2 切好的杏鲍菇放入锅中蒸30分钟。

3 蒜去皮、切末，葱洗净、切末，备用。

4 把蒜末、葱末、胡椒粉、辣椒粉、白芝麻放在碗中。

5 油烧热，浇在碗中爆香。

6 再加入蚝油、生抽、白糖搅拌均匀。

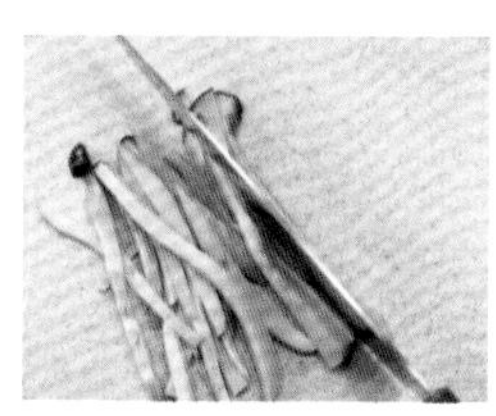

7 蒸熟的杏鲍菇切条。

8 然后把调料汁淋在杏鲍菇上拌匀即可。

姜汁皮蛋

烹饪时间：10 分钟

热量：363 千卡

热量星级：★★☆☆☆

适合做便当

用料

皮蛋	3个（约180克）
生抽	1汤匙
陈醋	2汤匙
香油	1茶匙
姜	5克
葱花	少许

做法

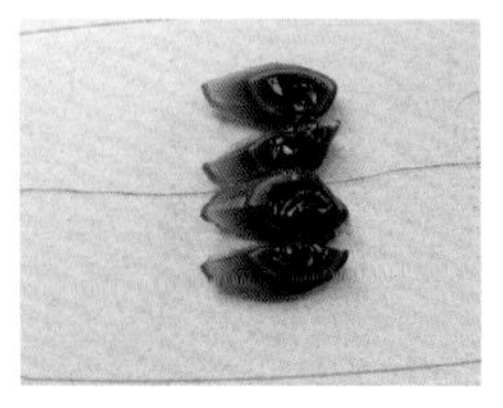

1 皮蛋去壳，用棉线切开。

2 姜切末备用。

3 皮蛋放在盘子里，淋上香油、生抽和陈醋。

4 最后撒上姜末，可再撒少许葱花点缀。

Tips

❶ 分割皮蛋可以用棉线，能够切得很整齐，还不用洗刀了。

❷ 皮蛋的特殊制作工艺使得它呈碱性。加醋可以中和其碱性，能使皮蛋吃起来味道更清爽，还能防止灼伤口腔。

苦菊拌皮蛋

烹饪时间：15 分钟
热量：395 千卡
热量星级：★★☆☆☆

清热去火　开胃助食　低卡食材

用料

苦菊	1把（约200克）		
皮蛋	2个（约120克）		
香醋	3汤匙	生抽	2汤匙
大蒜	3瓣	盐	2克
小米椒	2个	花生米	适量
香油	少许		

Tips

❶ 香油是最后的点睛之笔，不要省略哦！

❷ 苦菊是清热去火的佳品，有抗菌、解热、消炎、明目等作用。因其有清热解暑之功效，所以这道苦菊拌皮蛋非常适合在夏天作为小凉菜食用。

做法

1 苦菊洗净、去根，切段备用。蒜去皮、切末。小米椒切末。

2 皮蛋去壳，切块备用。

3 把苦菊和皮蛋放在大碗中，加入盐、生抽、香醋。

4 再撒上蒜末、小米椒和花生米拌匀。

5 最后把拌好的苦菊皮蛋放在盘子中，淋上香油即可。

主厨沙拉

烹饪时间：15 分钟
热量：134 千卡
热量星级：★☆☆☆☆

用料

鸡蛋	1个（约60克）
生菜	50克
苦菊	50克
圣女果	4个（约50克）
芦笋	30克
芝麻焙煎沙拉酱	适量
奇亚子	1克

Tips

❶ 鸡蛋凉水下锅，煮10分钟即可。

❷ 芦笋在汆烫后要用凉水投凉，这样口感更好。

❸ 拌沙拉之前一定要把食材的水分沥干，这样才不会稀释酱料，拌出的沙拉也不会水水的。可以用蔬菜脱水篮来辅助脱水。

做法

1 芦笋洗净、切段，放入沸水中焯1分钟，捞出，用凉水投凉备用。

2 鸡蛋煮熟，剥壳，切片；生菜、苦菊、圣女果洗净。

3 生菜掰成小块，苦菊切段，圣女果切两半。

4 将上述全部食材放入沙拉碗中，淋入芝麻焙煎沙拉酱。

5 最后撒上奇亚子装饰即可。

浇汁土豆泥

烹饪时间：25 分钟
热量：328 千卡
热量星级：★★☆☆☆
适合做便当

用料

土豆	1个（约300克）
牛奶	30毫升
黄油	5克
盐、黑胡椒碎	各1克
淀粉、蚝油	各1汤匙

Tips

❶ 判断土豆是否蒸熟，可以拿一根筷子插入土豆里面，感觉没有硬心就可以了。压土豆泥的时候我习惯用叉子，很容易就把土豆压成泥了。

❷ 这里用的浇汁是黑椒汁，你也可以根据自己的喜好调制浇汁，甚至可以做一碗肉臊汁浇上去，味道顶呱呱。

做法

1 土豆洗净、去皮，切块。

2 将土豆块放入锅中蒸20分钟。

3 取出土豆块，用叉子压成泥。

4 在土豆泥中加入盐、黄油、牛奶，搅拌均匀。

5 碗中放一张保鲜膜，把土豆泥放入塑形。

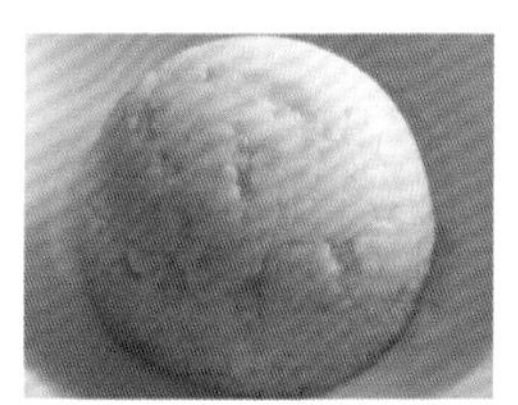

6 将土豆泥倒扣在盘子上。

7 在锅中倒入100毫升水，加入淀粉、黑胡椒碎和蚝油，加热至黏稠状的浇汁。

8 把汁浇在土豆泥上即可。

日式土豆球

烹饪时间：30 分钟

热量：389 千卡

热量星级：★★☆☆☆

适合做便当

用料

土豆　1个（约200克）

鸡蛋　1个（约50克）

黄瓜、胡萝卜、玉米粒、青豆　各少许

香肠　1根　|　沙拉酱　2汤匙

盐　1克　|

Tips

平时做饭要想节约时间，学会合理统筹烹饪步骤很重要。比如在做这道菜时，我在蒸土豆的同时会把鸡蛋也煮上，蒸土豆要15分钟，煮鸡蛋要10分钟，在这段时间里，我还可以同时洗切蔬菜和香肠，这样同步进行，不慌不乱，还大大节约了时间。

做法

1 土豆洗净、去皮，切片。

2 将土豆片放入锅中蒸15分钟左右，至筷子能轻松插入为准。

3 蒸土豆的同时煮鸡蛋，鸡蛋煮熟后去壳，压碎备用。

4 将黄瓜洗净、切丁，胡萝卜洗净、切丁，香肠切丁，备用。

5 将蒸好的土豆用叉子压成泥。

6 土豆泥中加入鸡蛋碎、黄瓜丁、胡萝卜丁、玉米粒、青豆、香肠丁、沙拉酱和盐，充分混合均匀。

7 戴上一次性手套，将土豆泥做成球形即可。

风琴烤土豆

烹饪时间：35 分钟

热量：848 千卡

热量星级：★★★☆☆

适合做便当

用料

土豆	2个（约600克）
培根	4条（约200克）
孜然粉	1茶匙
盐	半茶匙
橄榄油	适量
欧芹碎	适量

Tips

❶ 不要选择太大的土豆，切片不要过厚，过厚比较难烤熟。

❷ 这道烤箱菜名字很好听，外形和味道也非常赞。如果喜欢滋味浓郁些的，还可以撒一点儿马苏里拉奶酪一起烤。

做法

1 把培根切成5厘米左右的长条。

2 培根加入橄榄油、孜然粉、半茶匙盐，腌制10分钟。

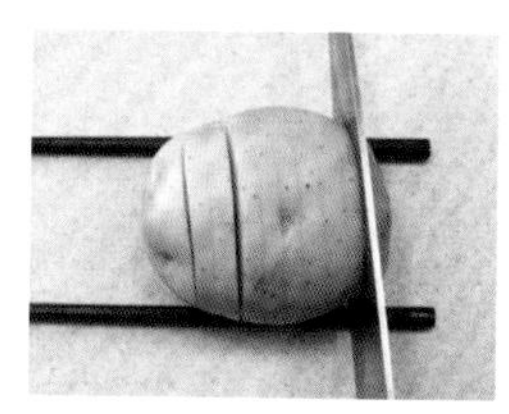

3 土豆洗净，底部垫上筷子，切0.5厘米的薄片，底部不要切断。

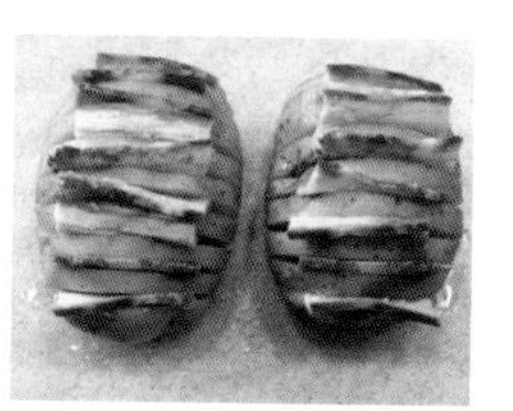

4 把培根夹入土豆里面。

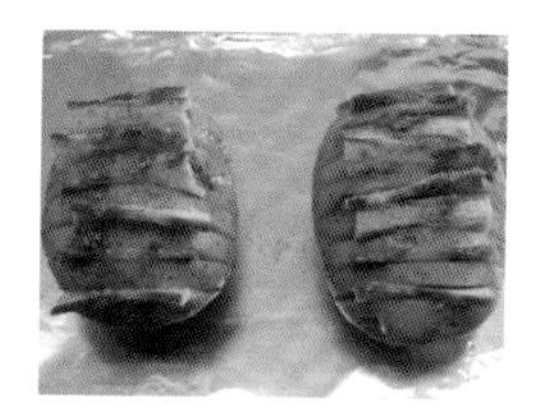

5 烤盘铺上油纸，放上土豆，土豆上面刷上腌制培根的腌料。

6 放进烤箱，220℃烤25分钟。

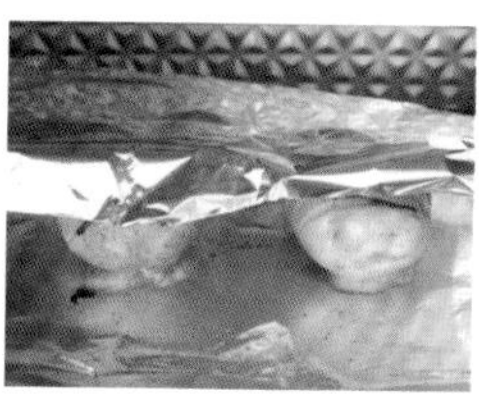

7 如果中途看土豆表面上色较快，可以加盖锡纸，再继续烤。

8 出炉后撒上欧芹碎即可。

低卡无油薯片

烹饪时间：50 分钟

热量：254 千卡

热量星级：★★☆☆☆

适合做便当

用料

土豆	1个（约300克）
牛奶	20毫升
盐	1克
孜然粉或辣椒粉	适量

Tips

❶ 烤到表面呈金黄色、取出后比较脆的感觉就可以了，可根据自己的烤箱调整时间。

❷ 外面买的薯片吃着不放心，完全可以自己动手做，低卡无油，既能解馋又不用担心长胖，只需要一个烤箱就能实现！菜谱中的量可以做25个左右的薯片。

做法

1 土豆洗净、去皮、切片，放在大碗中，放入蒸锅蒸20分钟。

2 取出土豆，捣成土豆泥，加入牛奶和盐混合均匀。

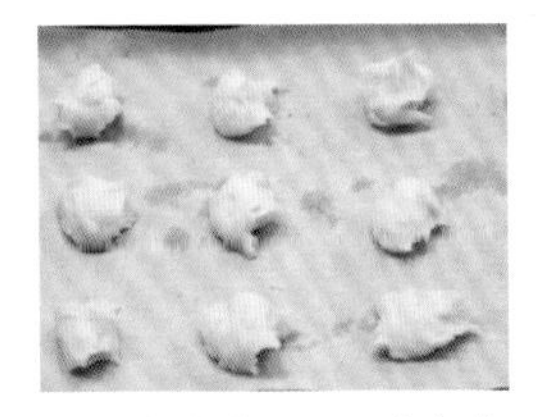

3 烤盘铺油纸，用小勺将土豆泥一一舀到油纸上，彼此之间留点距离。

4 土豆上面再铺一层油纸，用杯底将一勺勺土豆泥压成薄饼。

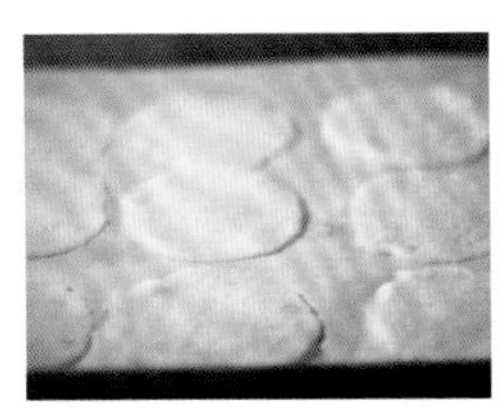

5 把上面油纸取下，将土豆泥放入烤箱，160℃烤30分钟。

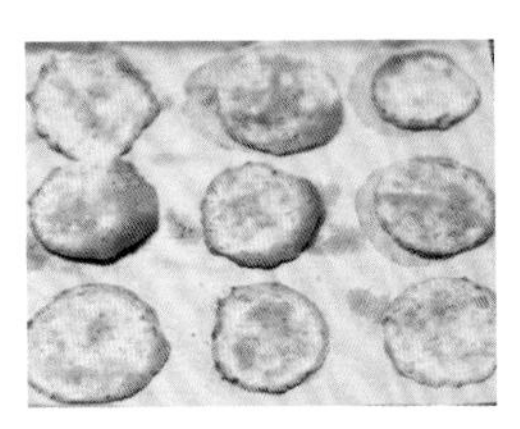

6 烤至表面金黄，取出，根据口味撒上孜然粉或辣椒粉即可。

香烤红薯片

低卡食材　饱腹感强　无油烹饪

烹饪时间：25 分钟
热量：649 千卡
热量星级：★★★☆☆
适合做便当

用料

红薯	1个（约500克）
玉米淀粉	15克
鸡蛋	2个（约120克）

Tips

换个口味来吃烤红薯，时间更短，口味更佳，特别适合作为饭后小食。烤箱不一样，温度有差别，根据自己的烤箱设定时间，要不时地观察一下上色状态。

做法

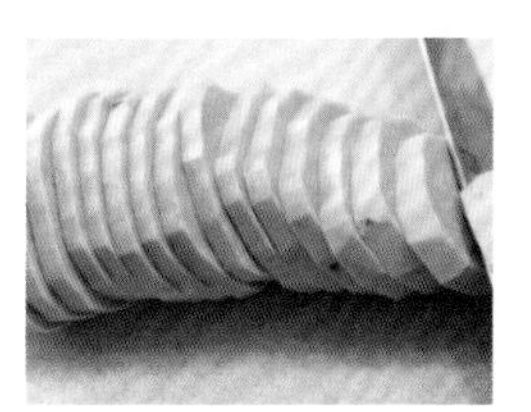

1 红薯洗净、去皮，切片备用。

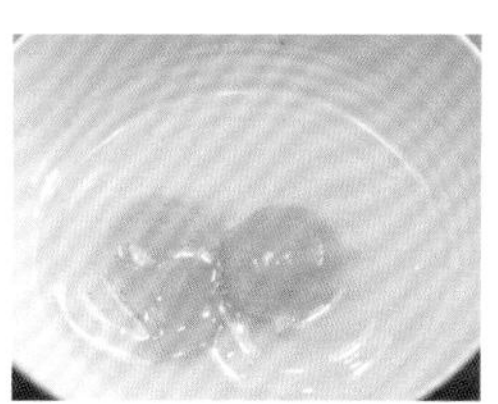

2 把2个鸡蛋打散成蛋液。

3 蛋液中加入玉米淀粉，混合均匀。

4 把红薯片放在鸡蛋液中裹匀。

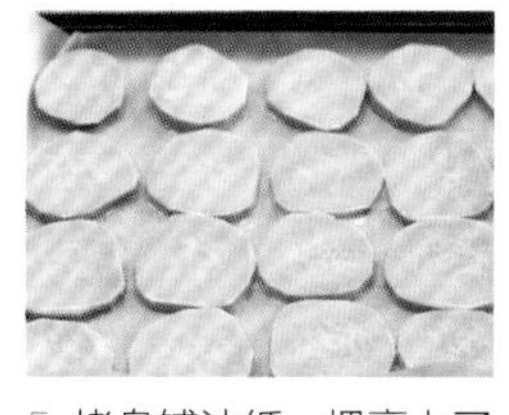

5 烤盘铺油纸，把裹上了蛋液的红薯片摆在上面。

6 烤箱预热200℃，放入红薯烤15分钟左右，红薯片表面呈金黄色即可。

烤红薯条

烹饪时间：40 分钟

热量：430 千卡

热量星级：★★☆☆☆

适合做便当

用料

红薯	1个（约500克）
橄榄油	1汤匙
盐	2克
奶酪粉	适量

做法

1 红薯洗净，去皮，切成条状。

2 把红薯条、橄榄油、盐和奶酪粉放入保鲜袋里面，摇匀。

3 烤盘上铺上锡纸，放上红薯条。

4 烤箱190℃预热，将烤盘放入烤箱中上层，烤30分钟即可。

Tips

❶ 烤红薯搭配奶酪粉，更能突显红薯的甜。整个红薯烤起来时间会长一些，一般要1小时左右，但是切成薯条就不一样了，整整缩短了一半的时间，半小时足矣。

❷ 500克的大红薯正好装满40升烤箱的烤盘，够两三个人吃，非常适合作为下午茶茶点，记得要趁热吃！

低脂香蕉片

烹饪时间：40 分钟
热量：562 千卡
热量星级：★★★☆☆
适合做便当

用料

香蕉	2根（约350克）
鸡蛋	2个（约100克）
玉米淀粉	20克
橄榄油	适量

Tips

❶ 香蕉片不宜切得太厚，否则不容易烤透。

❷ 裹上鸡蛋液，能让烤出的香蕉片味道更香甜，营养也更丰富。

做法

1 香蕉去皮、切片备用；鸡蛋打散，加入淀粉搅拌均匀。

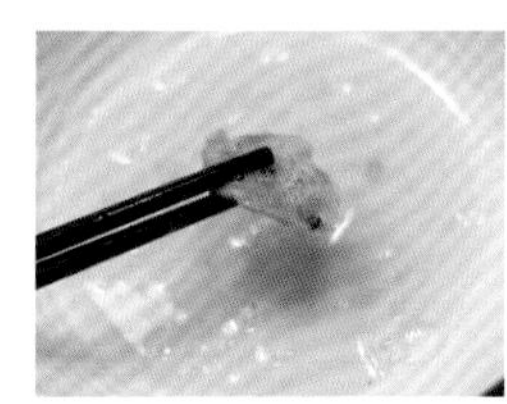

2 把香蕉片倒入鸡蛋糊中，裹上鸡蛋液。

3 烤盘上铺上锡纸，刷上橄榄油防粘。

4 香蕉片裹着鸡蛋液，依次摆放在烤盘上。

5 烤箱预热180℃，放入香蕉片烤制30分钟。

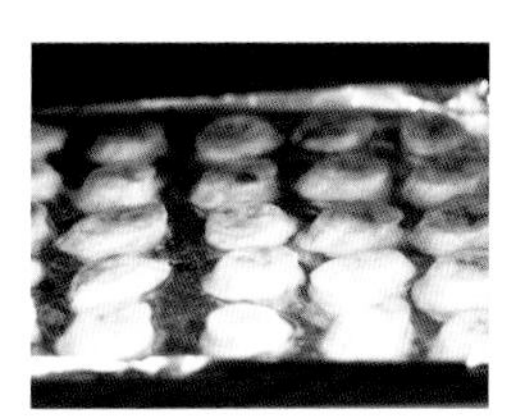

6 待烘烤结束，观察到表面呈金黄色，香甜的香蕉片就烤好了！

吐司布丁

⌛ 烹饪时间：40 分钟
热量：615 千卡
热量星级：★★★☆☆
适合做便当

用料

吐司	2片（约100克）
鸡蛋	2个（约100克）
蔓越莓干	适量
面粉	1汤匙
牛奶	200毫升

Tips

❶ 吐司要把边去掉，跟蛋液混合的时候要翻一翻，让每一块吐司都裹上蛋奶液，这样烤出来口感更好。

❷ 这是一道比较快手的元气早餐，也可以作为下午茶的点心，不仅好吃，还能消灭掉冰箱里剩下的吐司片。

做法

1 吐司去边、切块，放入烤碗中。

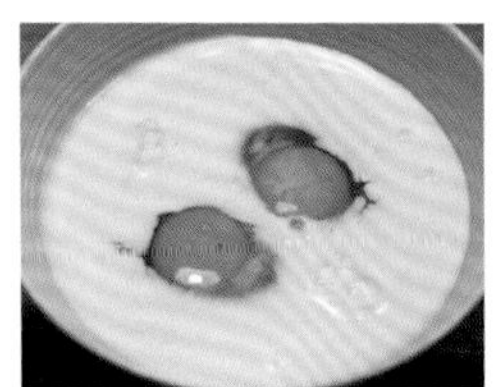

2 鸡蛋磕入牛奶中，搅拌均匀。

3 在蛋奶液中加入面粉，搅拌均匀。

4 将蛋奶液过筛，倒入烤碗中。

5 撒上洗净的蔓越莓干。

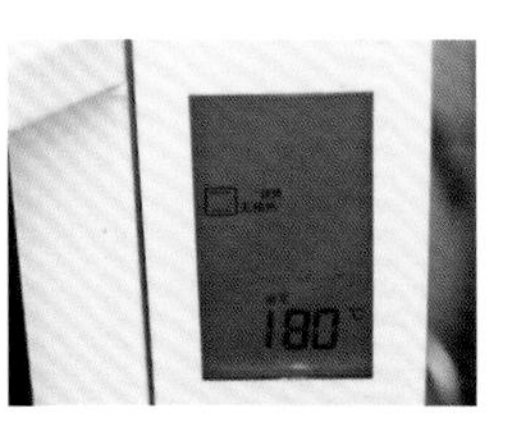

6 放入烤箱，180℃烤30分钟，烤至表面金黄即可。

厚蛋烧

⌛ 烹饪时间：20 分钟
热量：350 千卡
热量星级：★★☆☆☆
适合做便当

用料

鸡蛋	3个（约180克）
牛奶	70毫升
盐	1克
白糖	15克
色拉油、番茄酱	各适量

Tips

❶ 厚蛋烧的做法一点儿也不难，小火慢慢卷就是秘诀！如果家里没有厚蛋烧锅，用平底不粘锅也能做，做好把两边切掉也一样。

❷ 蛋奶液最好能过一下筛，煎出来更加光滑平整。

1 鸡蛋打散，加入牛奶、白糖和盐，混合均匀。

2 锅里放少许色拉油，润润锅，然后用厨房纸擦一下，薄薄一层油即可，全程小火。

3 倒入一部分蛋液，能铺满锅底的量就行，别太多，煎至蛋液还有一点湿润的时候，用铲子从一边卷起来。

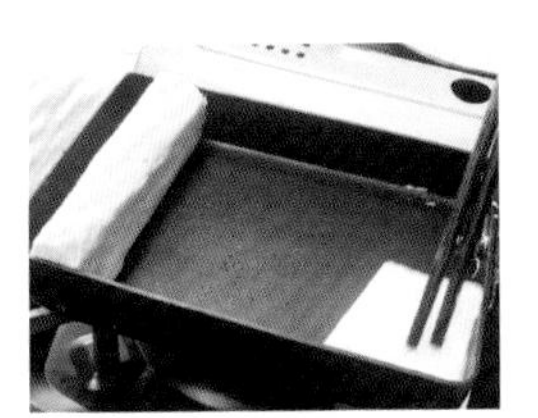

4 将蛋卷推至锅的上方，然后再用沾了油的厨房纸擦一下锅底。

5 继续倒入一部分蛋液，煎至定形而蛋液还稍微有一点湿润，用铲子从蛋卷这一边向另一边卷起。

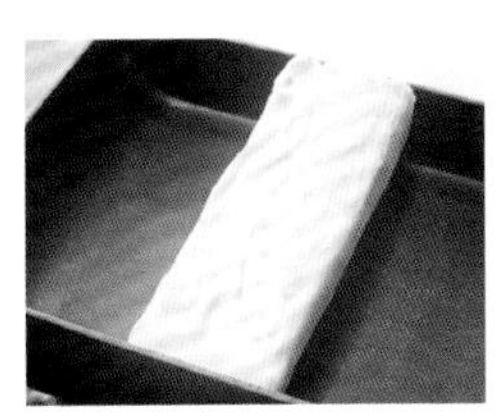

6 继续上面的操作，直至把蛋液用完，最后用铲子将蛋卷按成正方形，盛出切块，搭配番茄酱食用即可。

低脂蛋挞

烹饪时间：35 分钟
热量：716 千卡
热量星级：★★★☆☆
适合做便当

用料

蛋挞皮	6个（约120克）
牛奶	100毫升
鸡蛋	1个（约60克）
白砂糖	25克

Tips

午后甜品我首选蛋挞。蛋挞皮在网上可以买到，你只需要调制蛋奶液就可以了，非常方便。也可以在蛋奶液中加入淡奶油，口感更浓郁，但为了减少热量摄入，这里没有加。

做法

1 把鸡蛋磕入碗中，加入白砂糖，搅拌均匀。

2 倒入牛奶，搅拌均匀。

3 过筛，滤掉蛋奶液中没有打散的蛋清和小气泡。

4 准备好蛋挞皮，把蛋挞液倒入其中。

5 烤箱预热180℃，放入蛋挞，烤25~30分钟。

6 烤到表面呈金黄色即可。

燕麦坚果意式脆饼

烹饪时间：1 小时

热量：817 千卡

热量星级：★★★☆☆

适合做便当

用料

燕麦片	60克	高筋面粉	60克
中筋面粉	60克	泡打粉	2克
盐	1克	蜂蜜	30克
鸡蛋	1个（约60克）		
植物油	10毫升		

干果（葡萄干、蔓越莓干、核桃仁、南瓜子）　共60克

Tips

这个方子含水率不高，揉好的面团比较散，烤出来就是脆脆的感觉。因为大家用的面粉不同，吸水率不一样，可事先留10克面粉，根据面团的干湿状态酌情添加，以面团不干、不粘手为准。

做法

1 把鸡蛋打入盆中，加入蜂蜜和植物油混合均匀。

2 将燕麦片、高筋面粉、中筋面粉、泡打粉和盐混合。

3 把做法1的液体材料加入到做法2的粉类材料中混合，揉成面团。

4 再放入干果混合均匀。

5 用擀面杖将面团擀成长条状，厚度约1厘米。

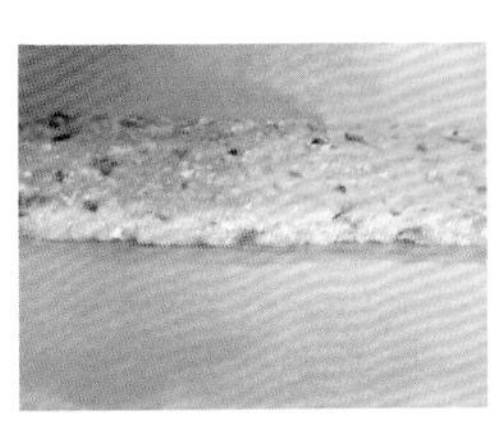

6 烤箱预热170℃，放入面饼烤25分钟。

7 取出切成细条，切面朝上，再放入烤箱，150℃烤10分钟。

8 再取出翻个，朝上烤另一个切面10分钟即可。

奇亚子燕麦饼干

烹饪时间：35 分钟
热量：1356 千卡
热量星级：★★★★☆
适合做便当

用料

燕麦	200克
低筋面粉	120克
椰蓉	40克
奇亚子	20克
橄榄油	80毫升
盐	2克

Tips

❶ 压制饼干的时候一定要压实，要不容易散掉。

❷ 奇亚子富含膳食纤维，能够增加饱腹感，从而减少热量的摄入，控制体重。同时，奇亚子还富含蛋白质和不饱和脂肪酸，有很高的营养价值。

做法

1 把所有材料放在大碗中，加入80毫升清水，混合均匀。

2 把材料揉捏成面团，平均分成16份，搓成小面团。

3 将小面团放入模具中，压扁、压实。

4 取下模具，得到饼干坯。

5 烤盘铺上油纸，把压好的饼干坯放在上面。

6 烤箱预热170℃，烘烤20分钟，烤至表面微黄即可。

蜂蜜吐司角

烹饪时间：20 分钟
热量：610 千卡
热量星级：★★★☆☆
适合做便当

用料

吐司片	3片（约150克）
黄油	15克
蜂蜜	1汤匙
白砂糖	适量

Tips

家里平时都会常备一些吐司片，除了直接用多士炉烤之外，我还经常用这个方法来烤制吐司角。蜂蜜跟黄油的结合，能把吐司片的香味完全激发出来。

做法

1 吐司去边，切成三角形备用。

2 黄油融化，加入蜂蜜混合均匀。

3 把黄油蜂蜜混合液均匀涂在吐司上。

4 烤盘铺油纸，放入吐司角。

5 烤箱预热180℃，放入吐司片，烤15分钟至表面金黄色即可。

6 最后撒上一点白砂糖，搞定！

草莓大福

营养食材 有助消化

烹饪时间：30 分钟
热量：920 千卡
热量星级：★★★☆☆
适合做便当

用料

糯米粉	120克
玉米淀粉	30克
豆沙	120克
草莓	6个（约120克）
牛奶	170毫升
白砂糖	30克
黄油	10克
椰蓉	适量

做法

1 草莓洗净，去蒂；糯米粉和玉米淀粉混合均匀。

2 盆中先放入白砂糖和牛奶，混合均匀，然后放入糯米粉和玉米淀粉，边放边搅拌均匀。

3 然后转移到大碗中，加盖耐高温保鲜膜，保鲜膜上扎几个洞，放入蒸锅中蒸15分钟（锅中上汽开始计时间）。

4 取出蒸好的面团，放入黄油。

5 把黄油完全混入面团中，加盖放凉（加盖子是避免水分流失）。

6 将面团分成六等份，豆沙也分成六等份。

7 先用豆沙把草莓包住，团成球状。

8 然后再用面团包住豆沙馅，团成球状，最后裹上椰蓉即可。

Tips

❶ 吃上一个大福，满满的幸福感！包大福的时候手上不能有水，否则会粘手，保持干爽即可。

❷ 草莓中的果胶物质和膳食纤维能促进胃肠道蠕动，使大便通畅，从而达到减脂瘦身的效果。饭后吃一些草莓，有助于分解食物脂肪，促进消化。

扫码看视频
轻松跟着做

图书在版编目（CIP）数据

佟小鹤厨房. 快手减脂家常菜 / 佟小鹤编著. —北京：中国轻工业出版社，2021.9

ISBN 978-7-5184-3263-9

Ⅰ. ①佟… Ⅱ. ①佟… Ⅲ. ①减肥－食谱 Ⅳ. ①TS972.161

中国版本图书馆CIP数据核字（2020）第224301号

责任编辑：张　弘　　责任终审：李建华

整体设计：锋尚设计　　责任校对：晋　洁　　责任监印：张京华

出版发行：中国轻工业出版社（北京东长安街6号，邮编：100740）

印　　刷：北京博海升彩色印刷有限公司

经　　销：各地新华书店

版　　次：2021年9月第1版第2次印刷

开　　本：720×1000　1/16　印张：11

字　　数：200千字

书　　号：ISBN 978-7-5184-3263-9　定价：49.80元

邮购电话：010-65241695

发行电话：010-85119835　传真：85113293

网　　址：http://www.chlip.com.cn

Email：club@chlip.com.cn

如发现图书残缺请与我社邮购联系调换

211097S1C102ZBW